U0401802

米莱知识宇宙

启航吧知识号

上天入海的超级武器

米莱童书 著/绘

北京理工大学出版社
BEIJING INSTITUTE OF TECHNOLOGY PRESS

推荐序

我从小就有一个梦想，一个“橄榄绿”的梦想。小时候，每当我看到身穿“橄榄绿”的解放军叔叔的飒爽英姿时，便会心生羡慕，默默地下定决心：“我长大也要当兵！”

1983 年，我进入国防科技工业领域，工作是研究及设计坦克。从那时起，我实现了我的军人梦，因为坦克服役于人民军队，冲锋陷阵，强军报国！

也许正是由于我早早与武器结缘，所以当我得知《兵器知识》杂志社参与策划的《启航吧，知识号：上天入海的超级武器》系列图书将与广大读者，尤其是青少年朋友们见面时，我为现在的青少年能够通过这套图书去了解现代武器装备感到由衷的高兴。

我们求知，一定要讲究知其然更知其所以然。《启航吧，知识号：上天入海的超级武器》围绕着数种武器展开，从导弹、航母、潜艇、战斗机，到枪械、单兵装备，以及我最熟悉的坦克和装甲车；从武器性能、发展历程，到装备和新技术的应用原理、实战演练效果；从武器的强悍之处，到其背后的数学、物理、化学、仿生学等多学科知识。这套书用拟人的手法，通过轻松幽默的漫画、跌宕起伏的故事，生动地展现了与日常生活截然不同的武器世界。

我也希望《启航吧，知识号：上天入海的超级武器》的青少年读者们，既然生逢祖国全面发展的大好时代，就要努力利用好越来越丰富的信息资源，让自己的认知水平和知识储备实现长足发展。在你们之中，定能产生中国未来的国防科技工业栋梁之材。

中国 99A 式主战坦克总设计师

04 式履带式步兵战车副总设计师

中国科学院技术科学部院士

中国北方车辆研究所教授级高级工程师、博士生导师

米莱知识宇宙

创作者团队

组织策划

《兵器知识》杂志社

1979 年创刊，国内著名军事科普期刊，曾入选“新闻出版总署双奖期刊”、“中国期刊方阵”双奖期刊、“新中国 60 年有影响力的期刊”、国家新闻出版广电总局“向全国少年儿童推荐百种优秀报刊”、中国期刊协会“全国中学图书馆馆配期刊推荐目录”、中国科协“精品科普期刊”、中文期刊网络传播排行榜 TOP100，漫画作品曾入选中宣部“原动力中国原创动漫出版扶持计划”。

策 划 人： 谢祎莎

顾问专家： 姜 彬 熊 伟 李海峰 王 颂 秦 蓁

作者团队

inno-nano 工作室

长期撰写有关工程技术方向的科普内容，旨在用“有趣”的专业内容更好地向青少年铺陈与讲述。

文案脚本： 徐雨来 针对核应急辐射防护等场景的柔性辐射屏蔽复合材料进行研发工作多年。

李 暘 从事信息化产品研发及传播相关工作。

杨夏飞 曾从事光电通信、嵌入式移动平台及数字化网络工作。

米莱童书 | 米莱童书 点亮孩子的未来

由国内多位资深童书编辑、插画家组成的原创童书研发平台，曾获 2019“中国好书”大奖、桂冠童书奖，创作的作品多次入选“原动力中国原创动漫出版扶持计划”。是中国新闻出版业科技与标准重点实验室（跨领域综合方向）授牌的中国青少年科普内容研发与推广基地，曾多次获得省部级嘉奖和国家级动漫产品大奖。团队致力于对传统童书阅读进行内容与形式的升级迭代，开发一流原创童书作品，使其更加适应当代中国家庭的阅读需求与学习需求。

出 品 人： 刘润东

原创编辑： 王 佩

漫画绘制： 王婉静 张秀雯 臧书灿 徐 逗 邹 玮 王梦昕 孙若琳

装帧设计： 辛 洋 张立佳 刘雅宁 汪芝灵 马司雯

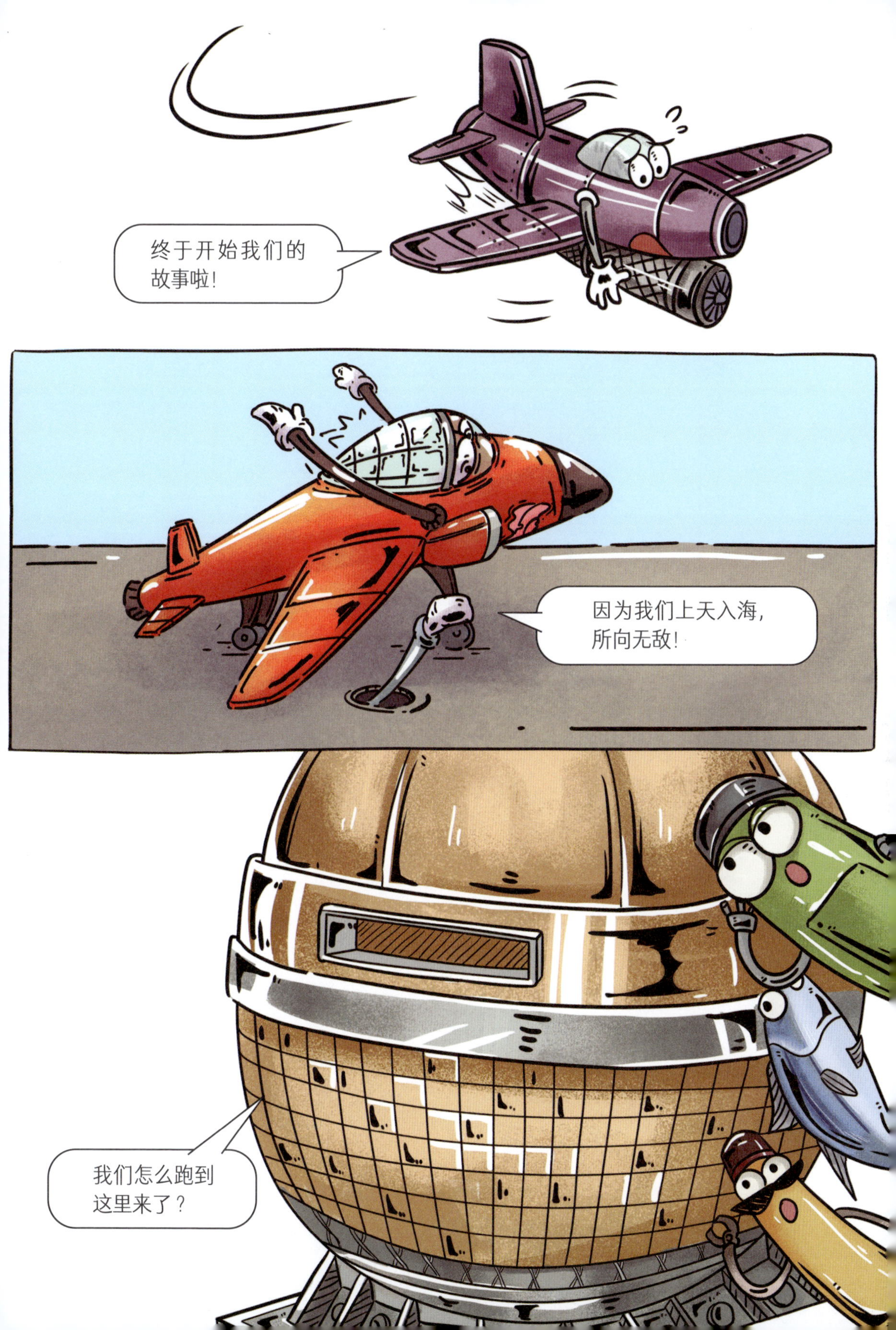
终于开始我们的故事啦！
因为我们上天入海，所向无敌！
我们怎么跑到这里来了？

目录

空天战队

移动的岛

暗夜无声

很好！大家状态
都不错！
你是谁？怎么这么破旧？
!!
我是小飞！是一架飞机！

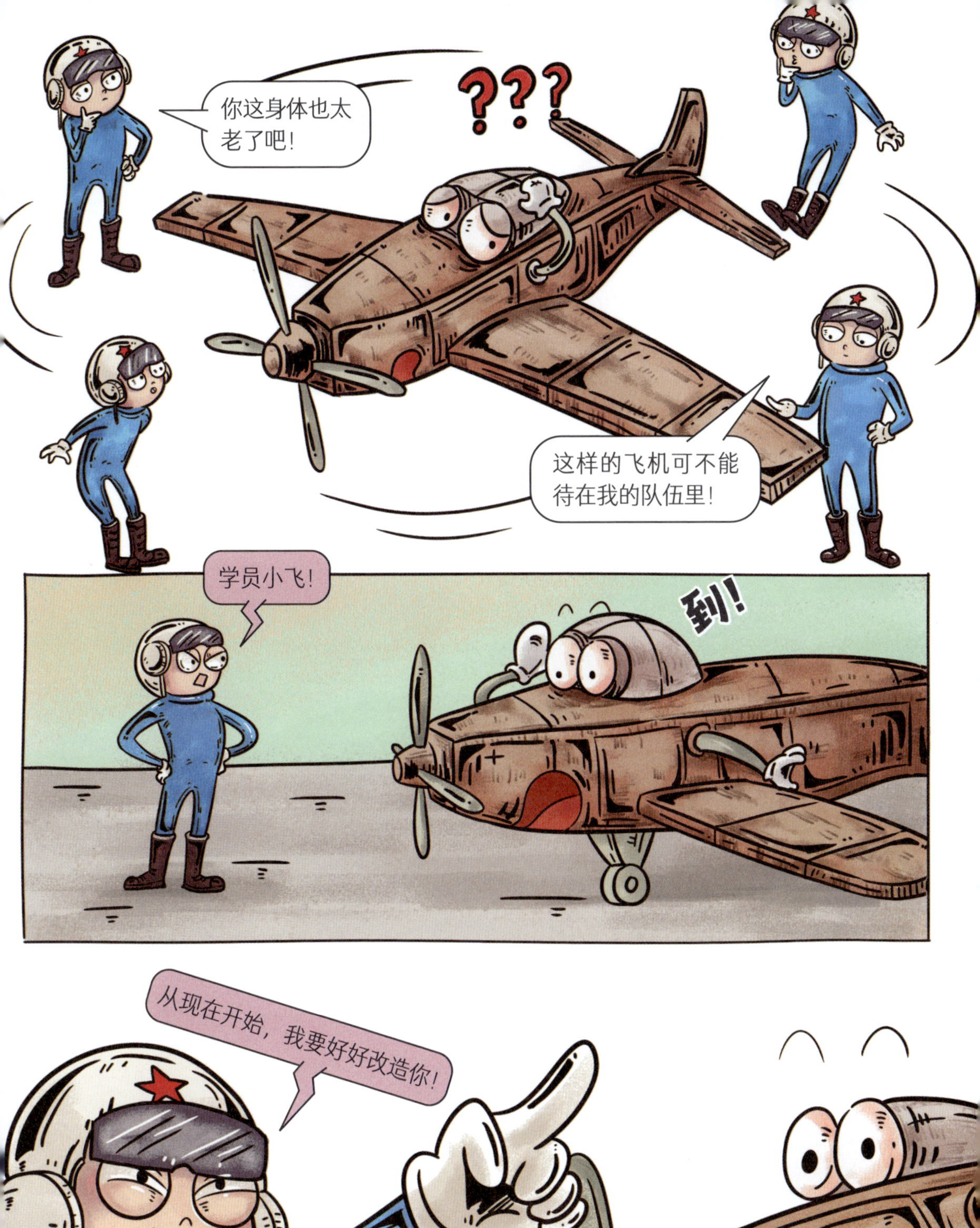
你这身体也太老了吧!
???
这样的飞机可不能待在我的队伍里!
学员小飞!
到!

从现在开始，我要好好改造你!

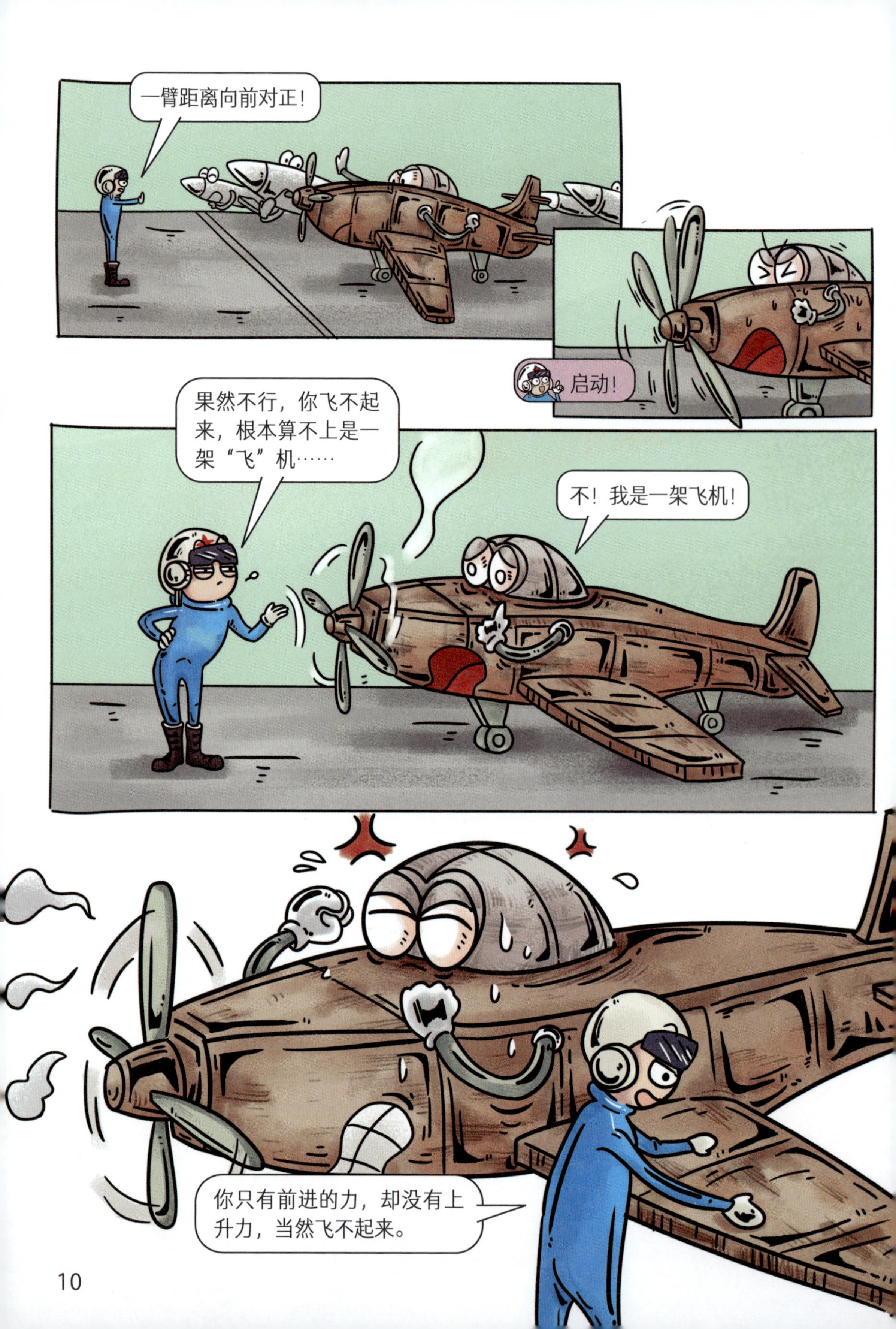
一臂距离向前对正！
启动！
果然不行，你飞不起来，根本算不上是一架“飞”机……
不！我是一架飞机！
你只有前进的力，却没有上升力，当然飞不起来。

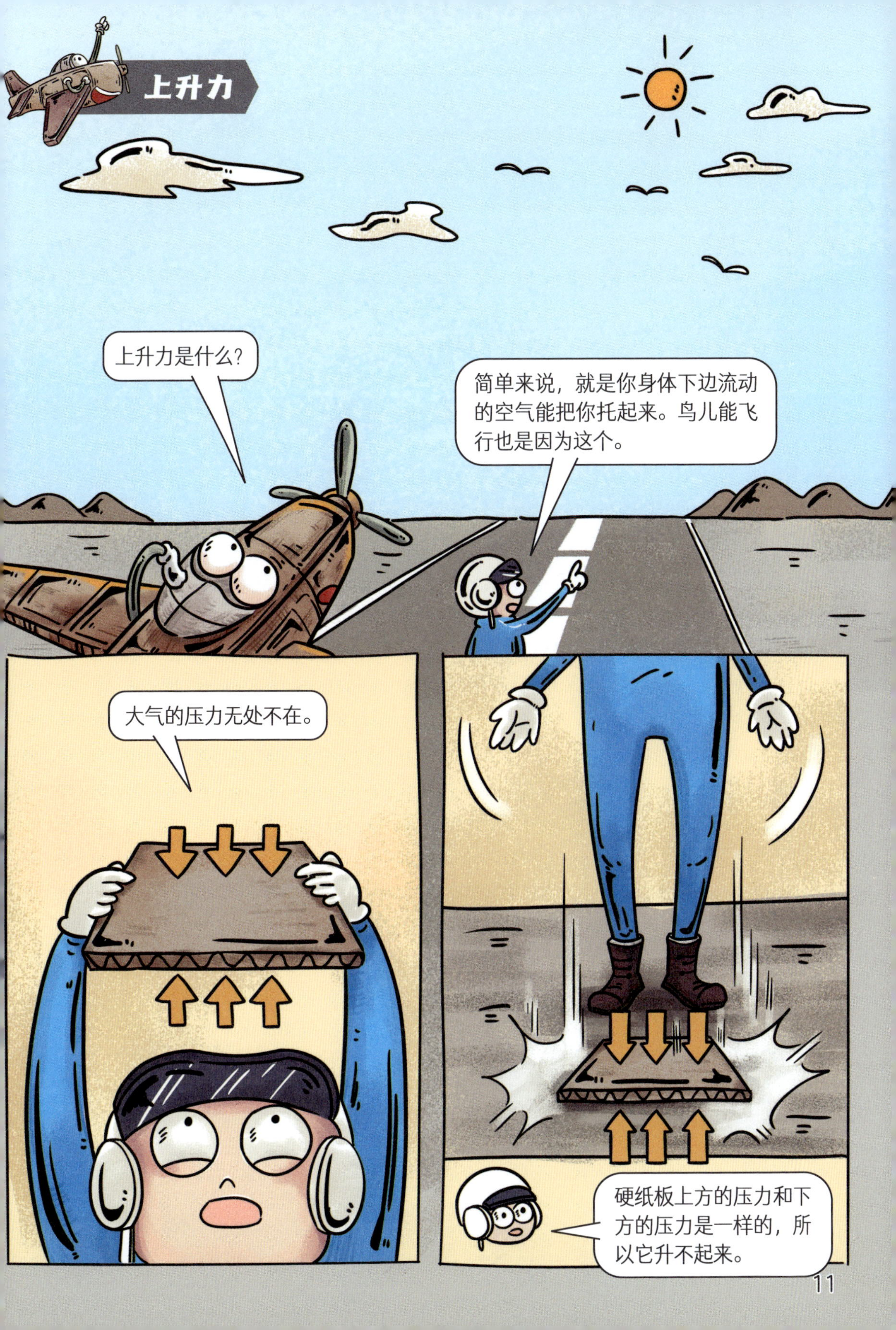
上升力
上升力是什么?
简单来说，就是你身体下边流动的空气能把你托起来。鸟儿能飞行也是因为这个。
大气的压力无处不在。
硬纸板上方的压力和下方的压力是一样的，所以它升不起来。

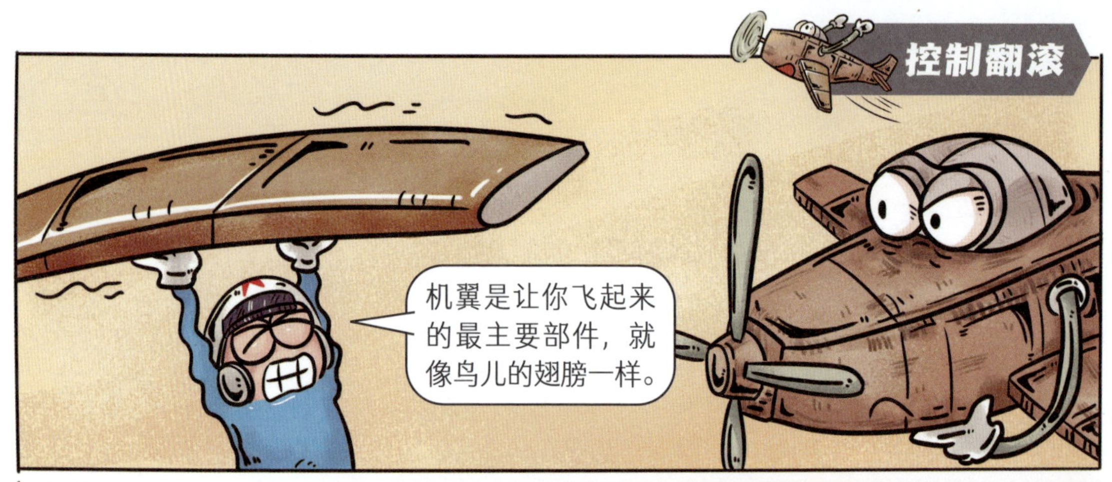
机翼是让你飞起来的最主要部件，就像鸟儿的翅膀一样。

合格的机翼，上面有像小山丘一样的坡度，而下面基本是平滑的，这样才能使你获得足够的上升力。
这是为什么呢?

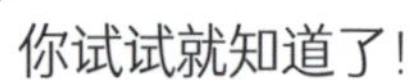
你试试就知道了!

机翼上方的坡度能让空气的流动加快。

没错，我也感觉到了!机翼上面的空气流动得更快，下面的更慢!

机翼上下的空气流动速度不一样，受到的大气压力也不一样，这样就会产生压力差。
有了压力差，就有了向上的升力！我就能飞起来了！
救命！我失去平衡了！
不好！两侧的升力不一样大！

在空中，尤其是高空，一侧机翼的升力骤然减少，另一侧急剧增加，就会导致飞机翻转。

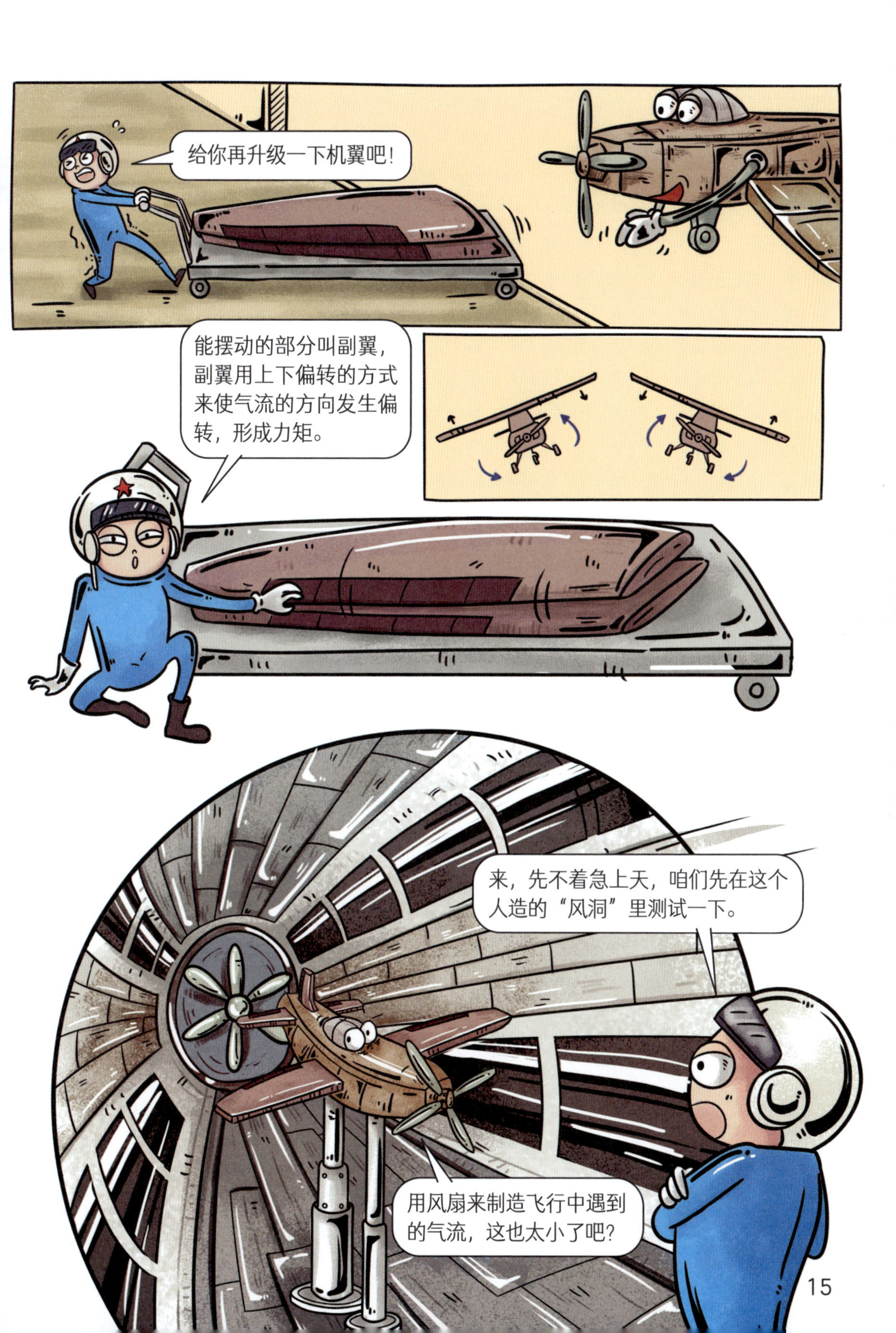
给你再升级一下机翼吧！
能摆动的部分叫副翼，副翼用上下偏转的方式来使气流的方向发生偏转，形成力矩。
来，先不着急上天，咱们先在这个人造的“风洞”里测试一下。
用风扇来制造飞行中遇到的气流，这也太小了吧？

左副翼上偏，减少升力，同时右副翼下偏，增加升力，这样会形成一个“滚转力矩”让飞机偏转。反之也可以……

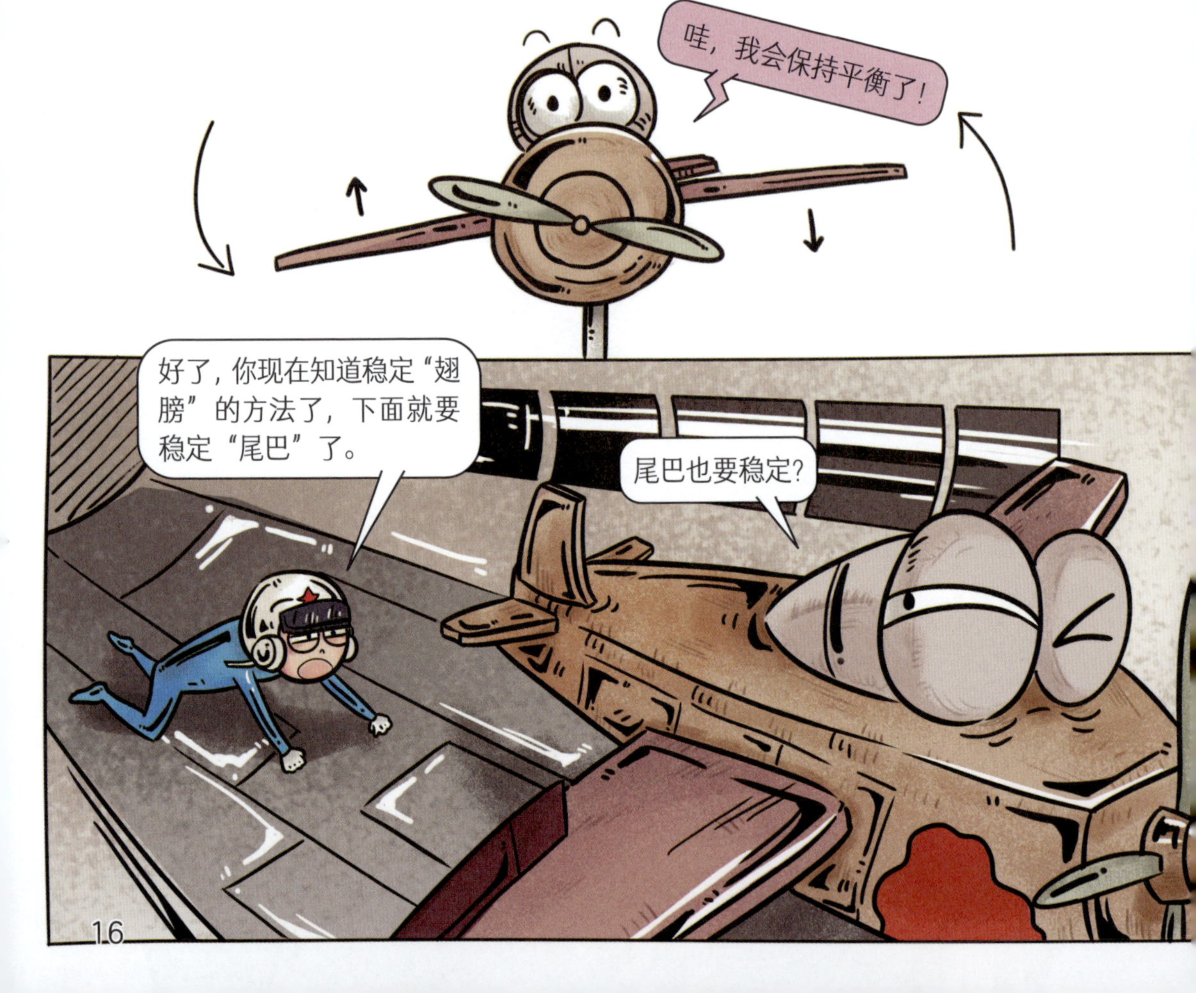

升降舵往上偏，气流就作用在上方，产生一个抬头的力。在力的作用下，飞机抬头上升。升降舵往下偏，飞机就低头下降。

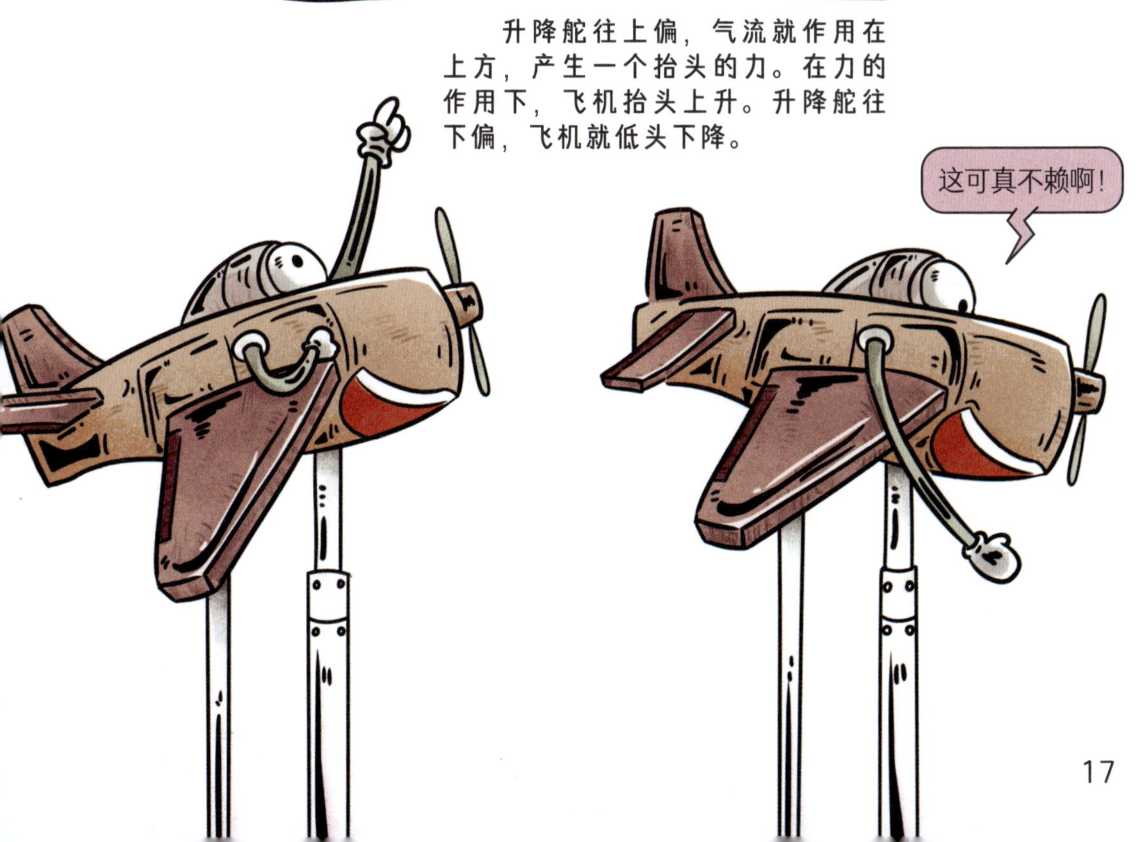

方向舵往左偏，气流作用在左边，产生左偏航力，飞机就向左转。方向舵往右偏，产生右偏航力，飞机就向右转。

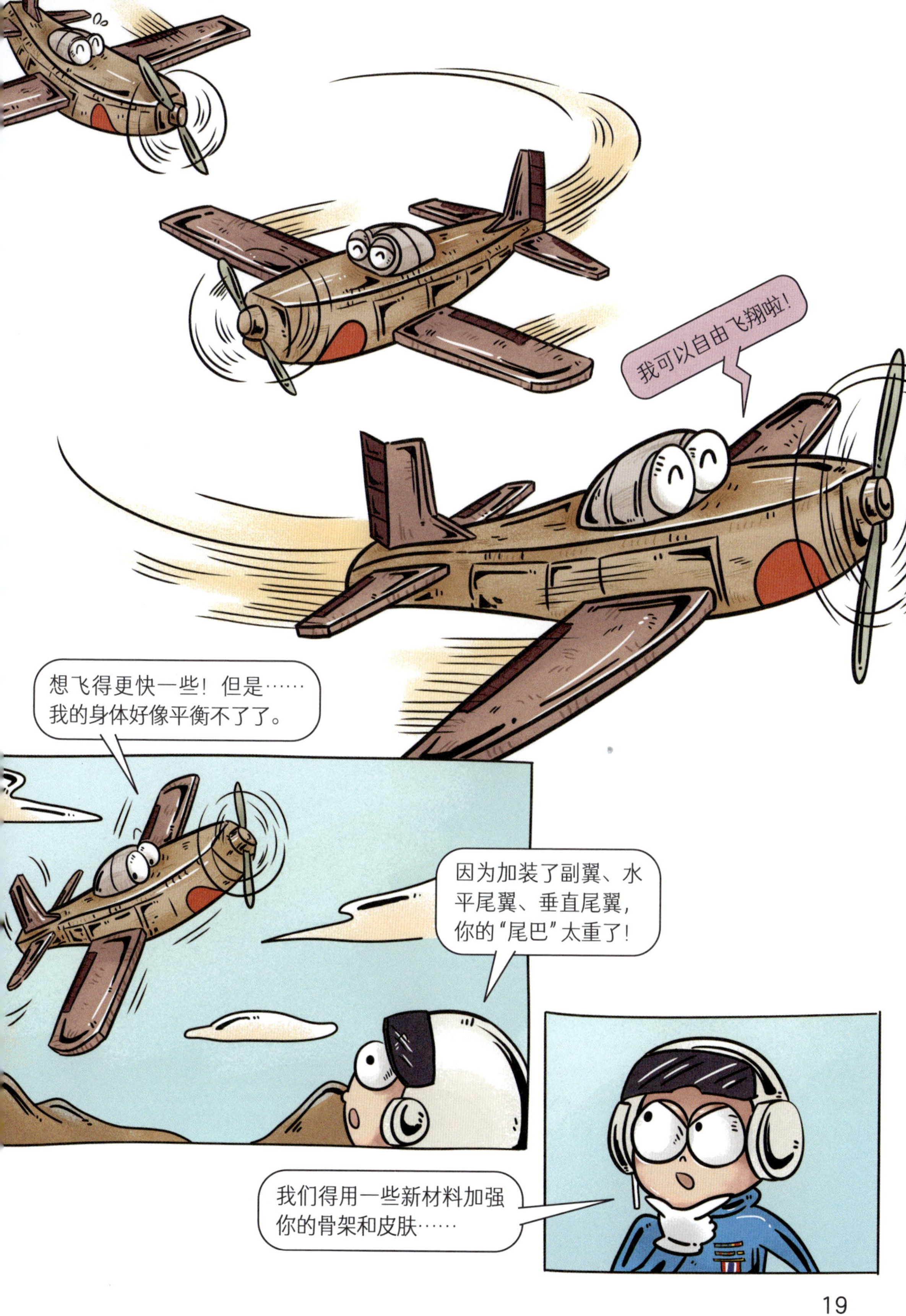
我可以自由飞翔啦！
想飞得更快一些！但是……
我的身体好像平衡不了了。
因为加装了副翼、水平尾翼、垂直尾翼，你的“尾巴”太重了！
我们得用一些新材料加强你的骨架和皮肤……

骨与皮

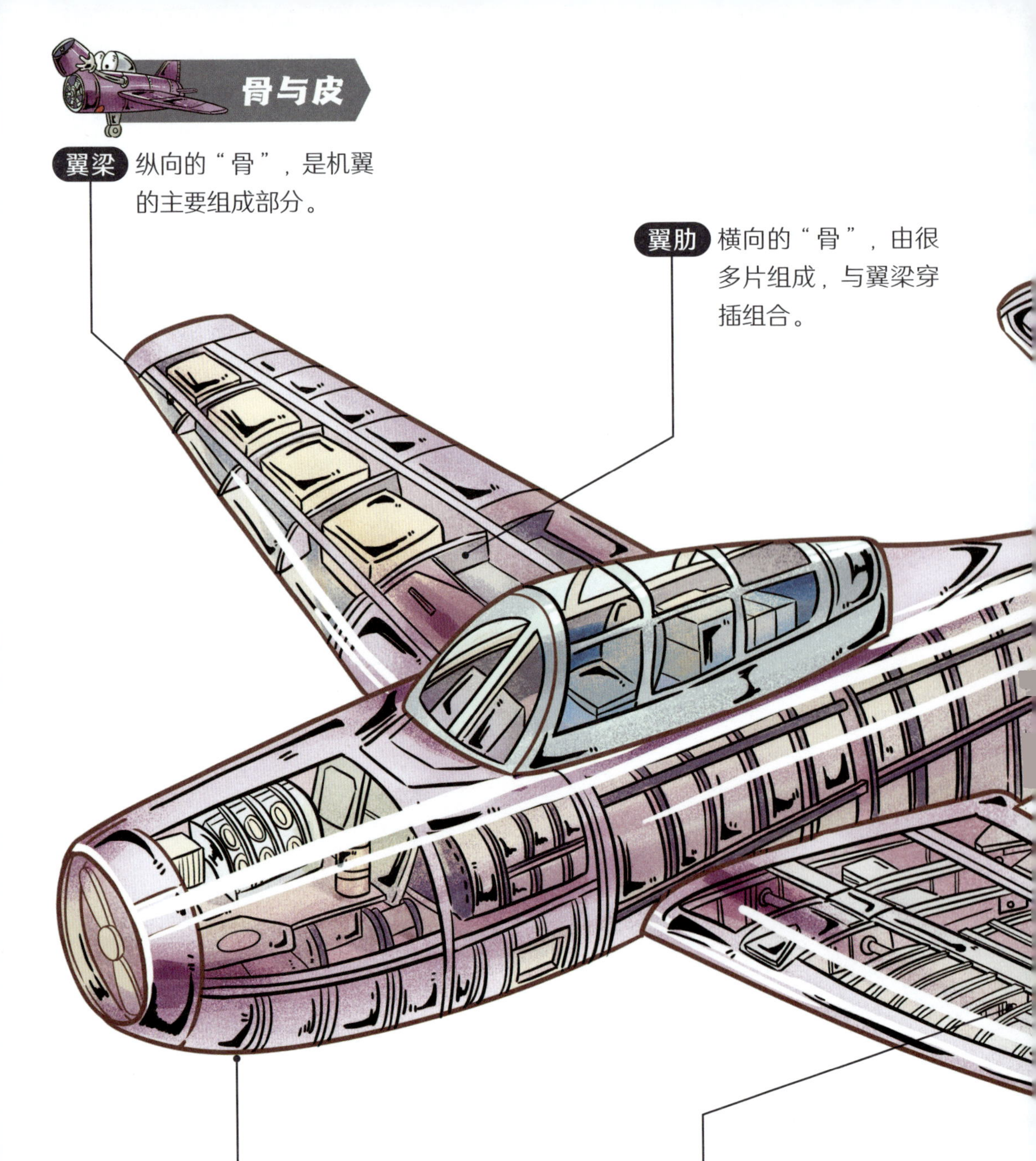

有了骨架，飞机才能变得“强壮”。翼梁和翼肋穿插在一起，是飞机骨架的主要组成部分。

我给你找来了合适的蒙皮，轻薄、抗压又抗拉伸。
铝合金
哇，快装上吧！
铝合金在常温和低温下都很坚硬，但在一定的高温下会熔化。
啊？那刚做好的蒙皮还没安装，会不会一焊接就变形了？
所以我们不焊接，我们铆接。
铆接是什么？

铆接的过程，就是通过让铆钉变形，从而牢牢地固定住上下两层。

发动机……
也得换……
你看，我有发动机，能飞起来。
你的发动机只是把车用的“内燃机”放到了机头上，通过在气缸内燃烧燃料产生的推力推动活塞做功。这种发动机的做功不够充分，航空发动机需要突破这个瓶颈。
先进的航空发动机难道不需要气缸了吗？
是的，因为更大的燃烧推力需要更多的助燃物来促进燃烧。
你知道什么是助燃物吗？
我知道！燃烧三要素就是可燃物、助燃物和火源，空气就是助燃物！

没错，让飞机用的燃油和空气更充分地混合，就是现代航空发动机的进化方向！

喷气式发动机

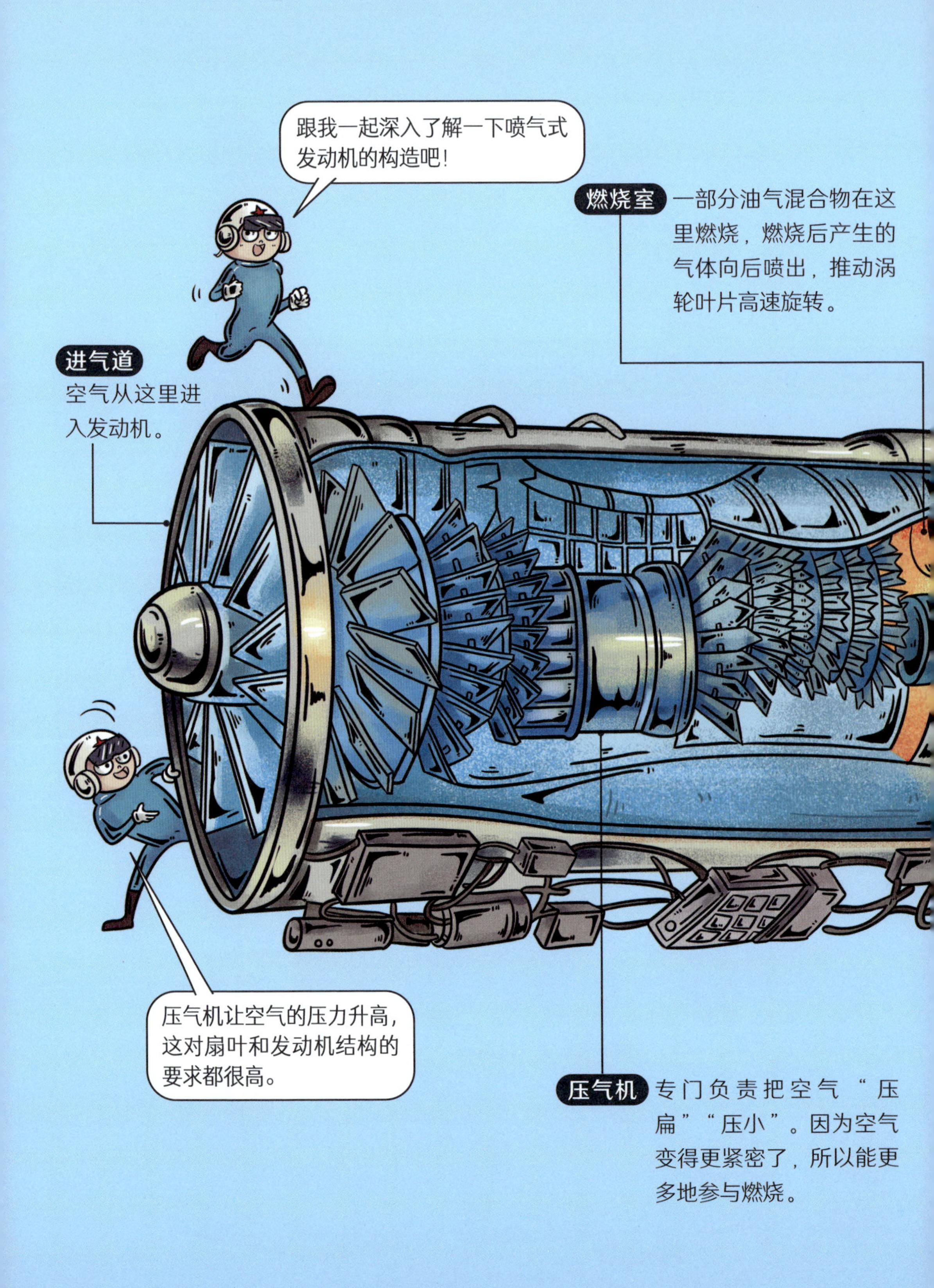
跟我一起深入了解一下喷气式发动机的构造吧！
燃烧室
一部分油气混合物在这里燃烧，燃烧后产生的气体向后喷出，推动涡轮叶片高速旋转。
进气道
空气从这里进入发动机。
压气机让空气的压力升高，这对扇叶和发动机结构的要求都很高。
压气机
专门负责把空气“压扁”“压小”。因为空气变得更紧密了，所以能更多地参与燃烧。

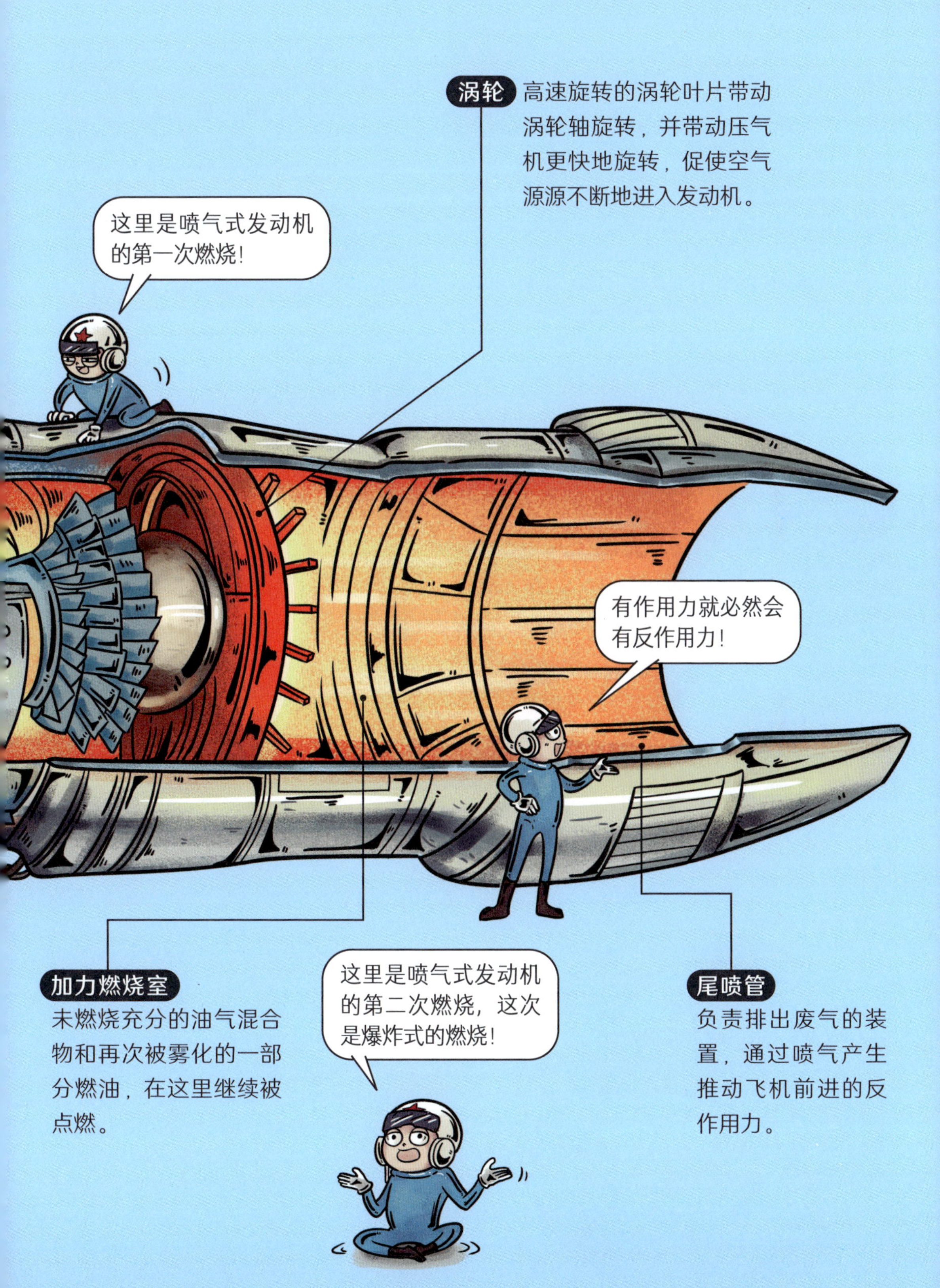
涡轮
高速旋转的涡轮叶片带动涡轮轴旋转，并带动压气机更快地旋转，促使空气源源不断地进入发动机。
这里是喷气式发动机的第一次燃烧！
有作用力就必然会有反作用力！
加力燃烧室
未燃烧充分的油气混合物和再次被雾化的一部分燃油，在这里继续被点燃。
这里是喷气式发动机的第二次燃烧，这次是爆炸式的燃烧！
尾喷管
负责排出废气的装置，通过喷气产生推动飞机前进的反作用力。

怎么样？你敢不敢试试它的速度？
我早就迫不及待了！
哇！这速度太刺激啦！

加力燃烧能在短时间内将推力再提高很多，这就是飞机追求极限速度的关键了。

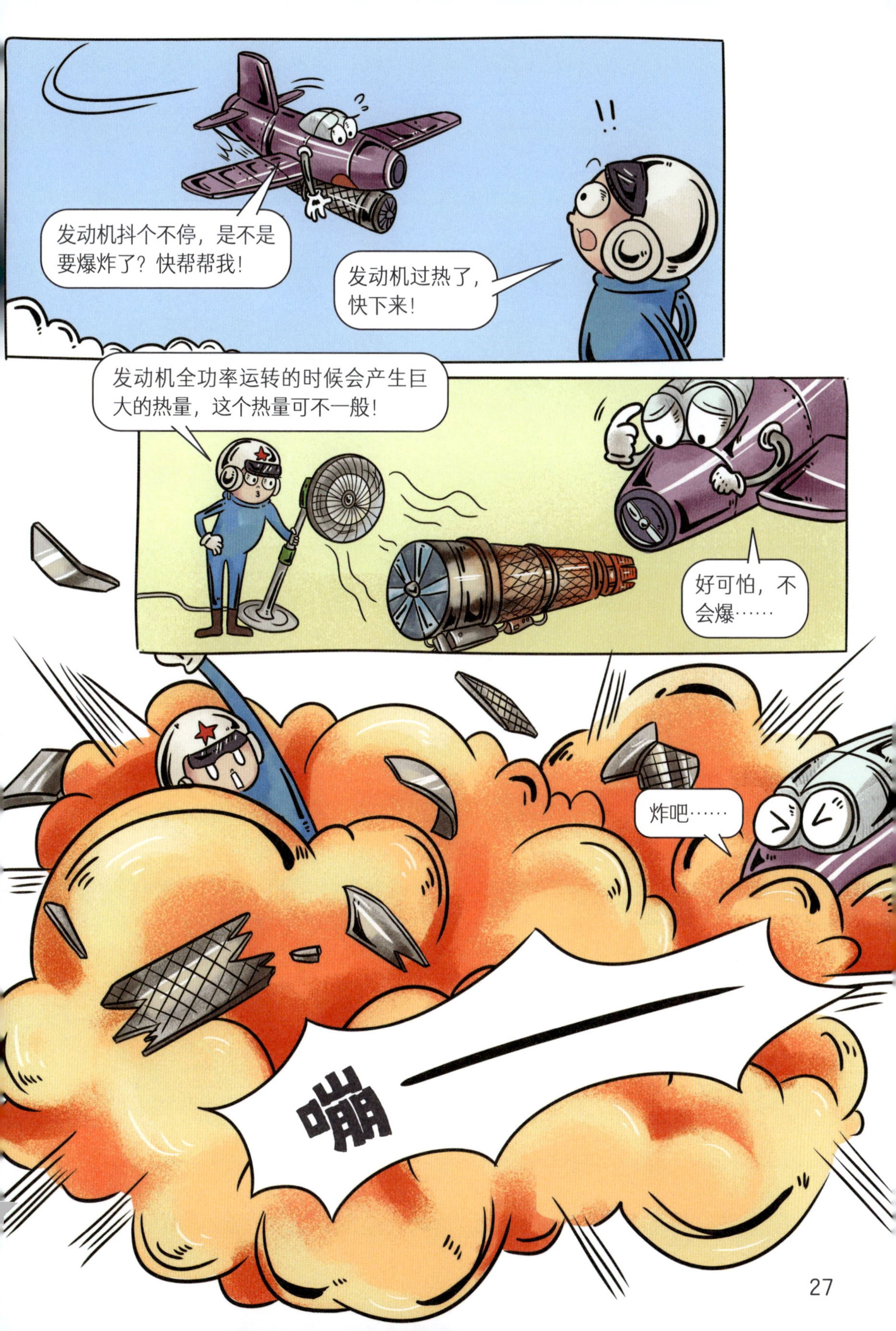
!!
发动机抖个不停，是不是要爆炸了？快帮帮我！
发动机过热了，快下来！
发动机全功率运转的时候会产生巨大的热量，这个热量可不一般！
好可怕，不会爆……
炸吧……
嘣

发动机爆炸可
是大事故！
太可怕了，一定要想办
法给发动机降温！

可以用来降温
的，就是风。
不会要一直扇
扇子吧……

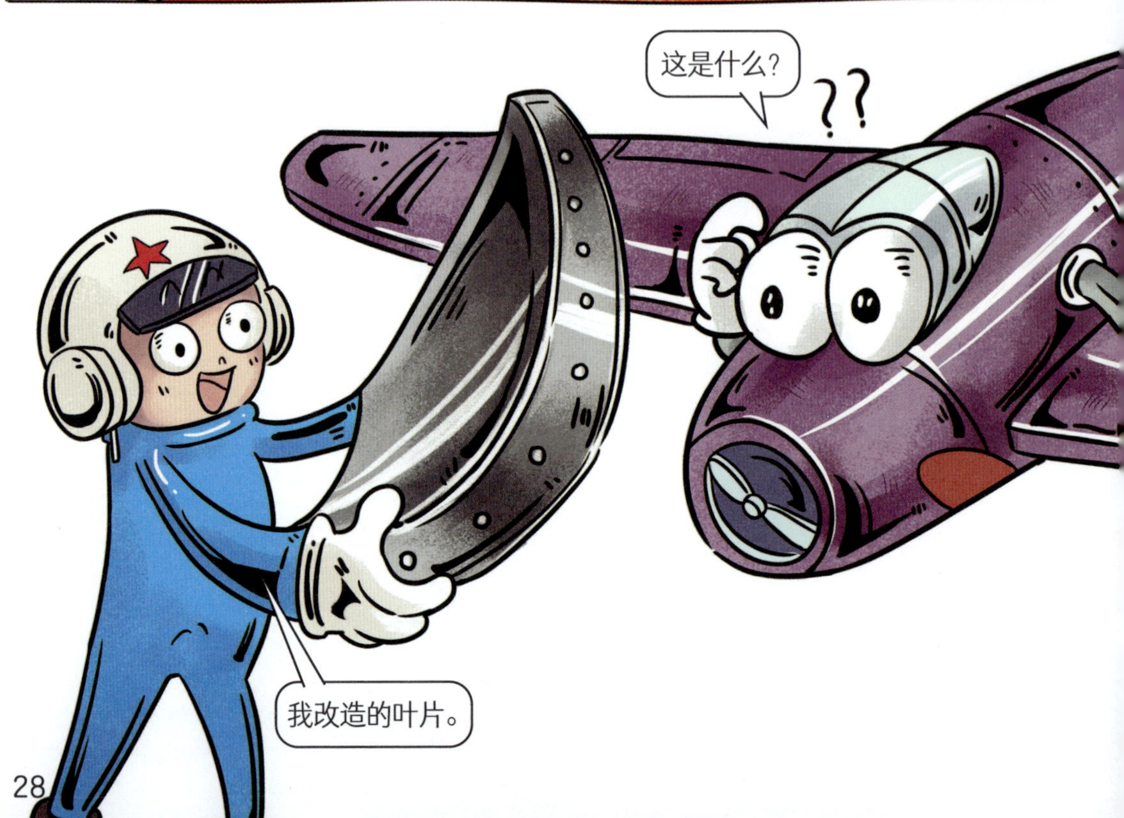
这是什么？
??
我改造的叶片。

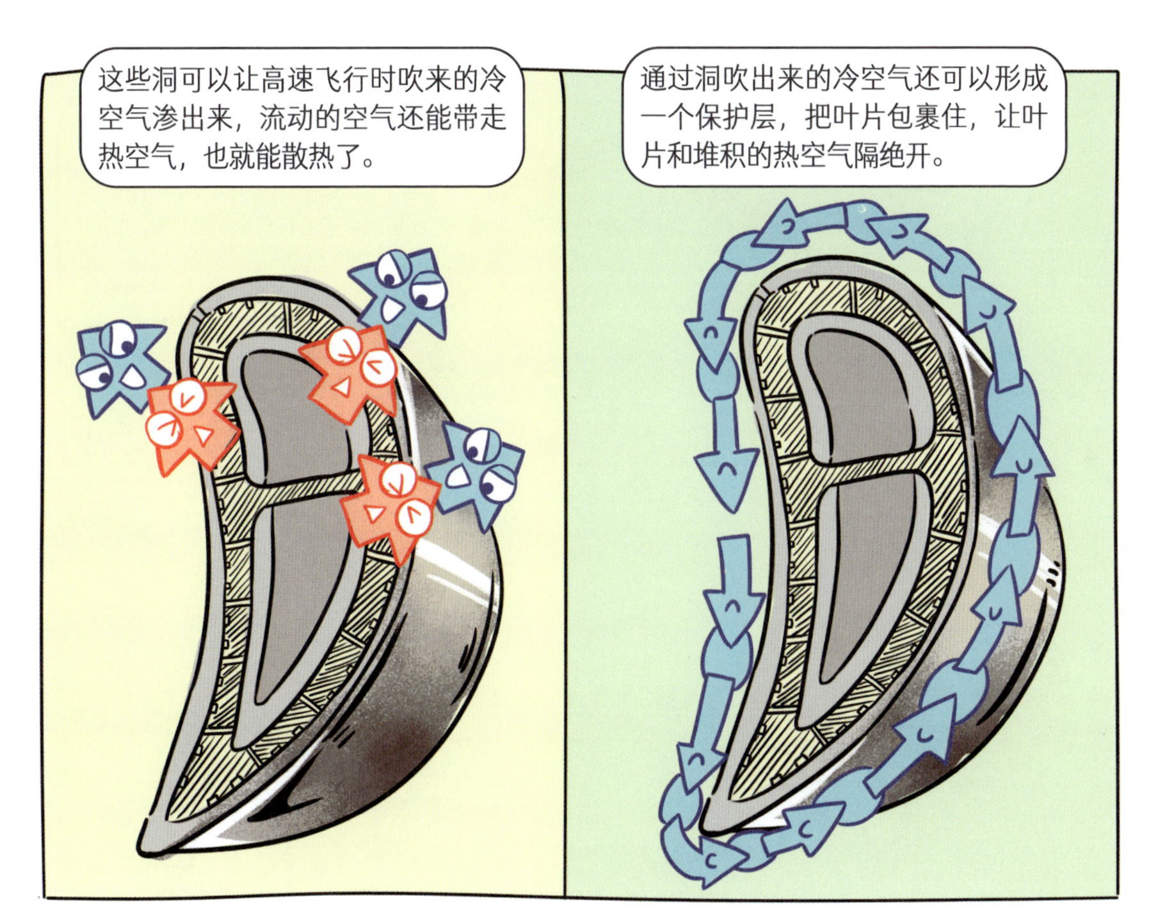
这些洞可以让高速飞行时吹来的冷空气渗出来，流动的空气还能带走热空气，也就能散热了。
通过洞吹出来的冷空气还可以形成一个保护层，把叶片包裹住，让叶片和堆积的热空气隔绝开。

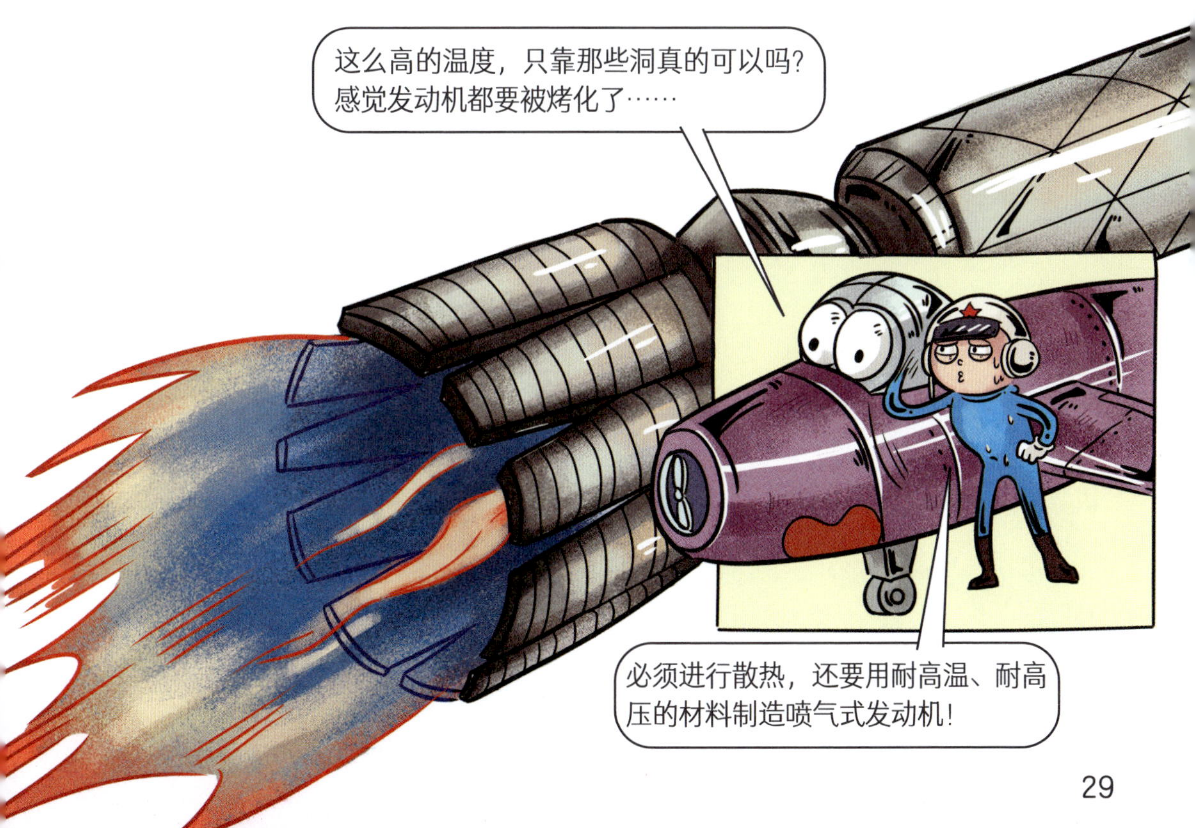
这么高的温度，只靠那些洞真的可以吗？感觉发动机都要被烤化了……
必须进行散热，还要用耐高温、耐高压的材料制造喷气式发动机！

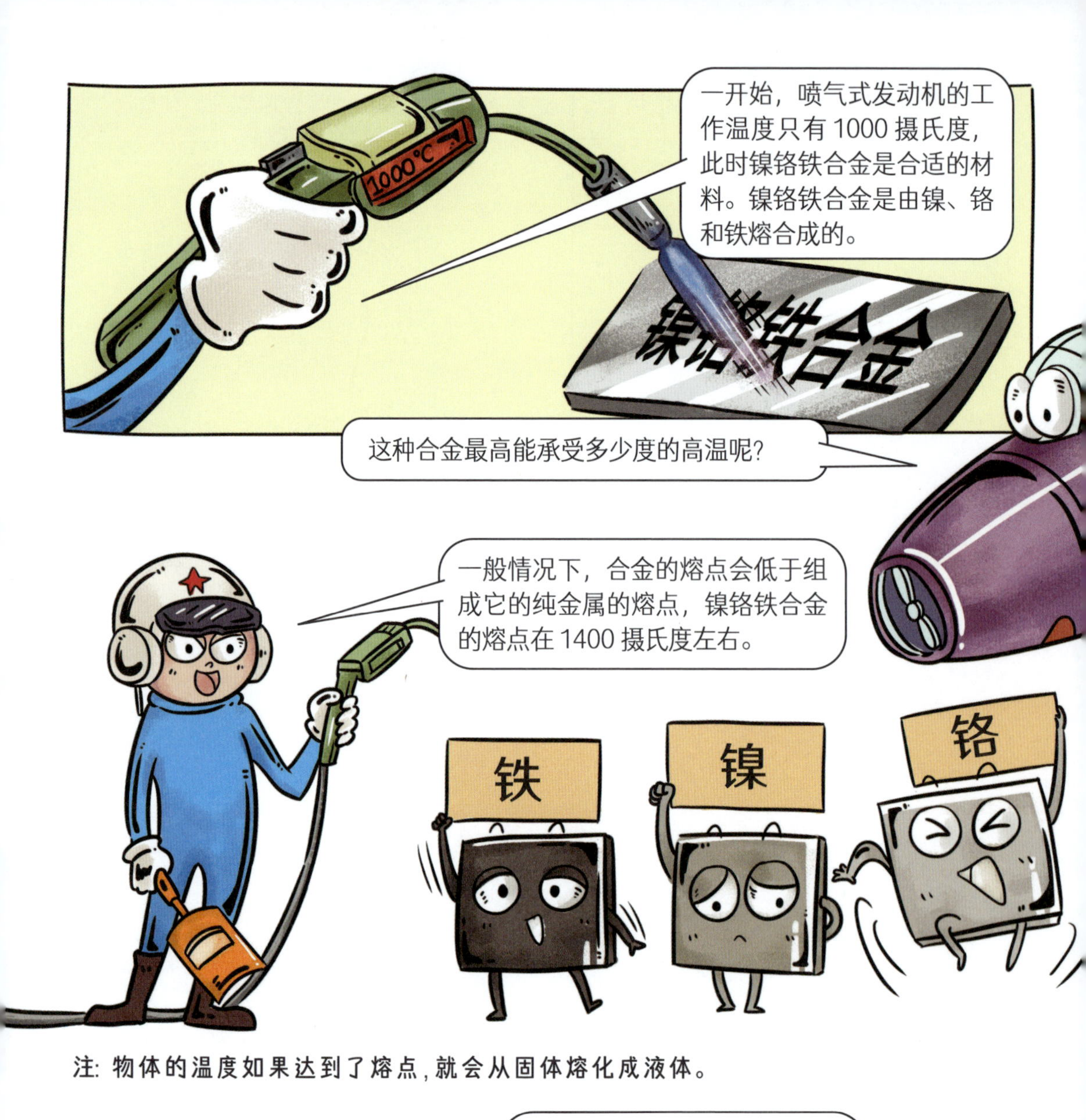

注：物体的温度如果达到了熔点，就会从固体熔化成液体。

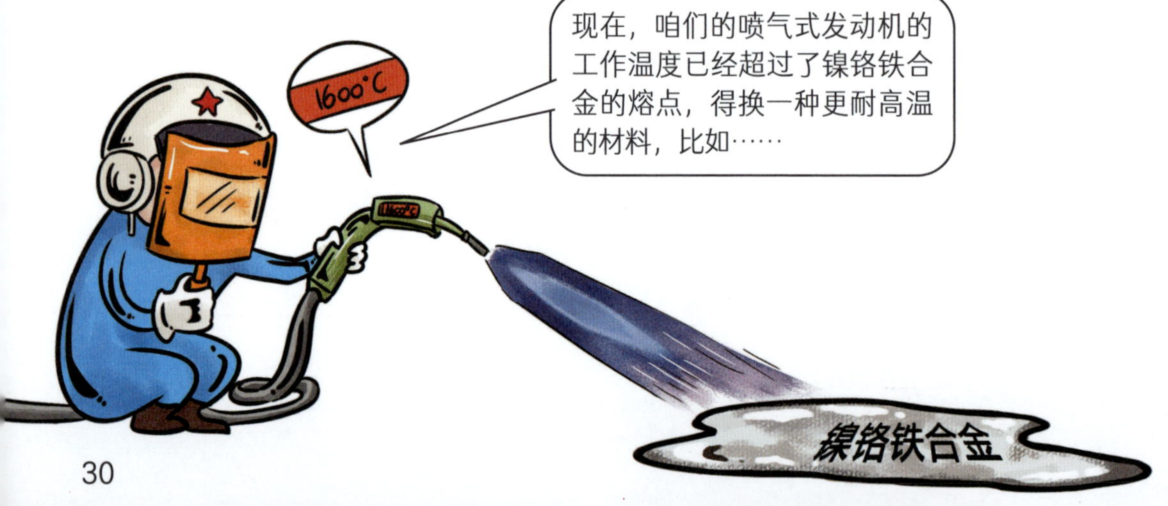

工业陶瓷
陶瓷!
早在中国古代，烧瓷的温度就超过了1200摄氏度。
现在，工业陶瓷耐高温的能力已经超越了大多数金属，能承受约2600摄氏度的温度!
工业陶瓷
用工业陶瓷等复合材料来制造涡轮发动机叶片，是未来的大趋势!

喷气式战斗机登场
有了稳定可靠的发动机，我是不是就能变成真正的喷气式战斗机了？
想变身成喷气式战斗机，光有“蛮力”可不行，这只是第二重要的。
我可不是只有蛮力，我很灵活的！
灵活对于喷气式战斗机来说，只是第三重要的。
那什么才是第一重要的呢？

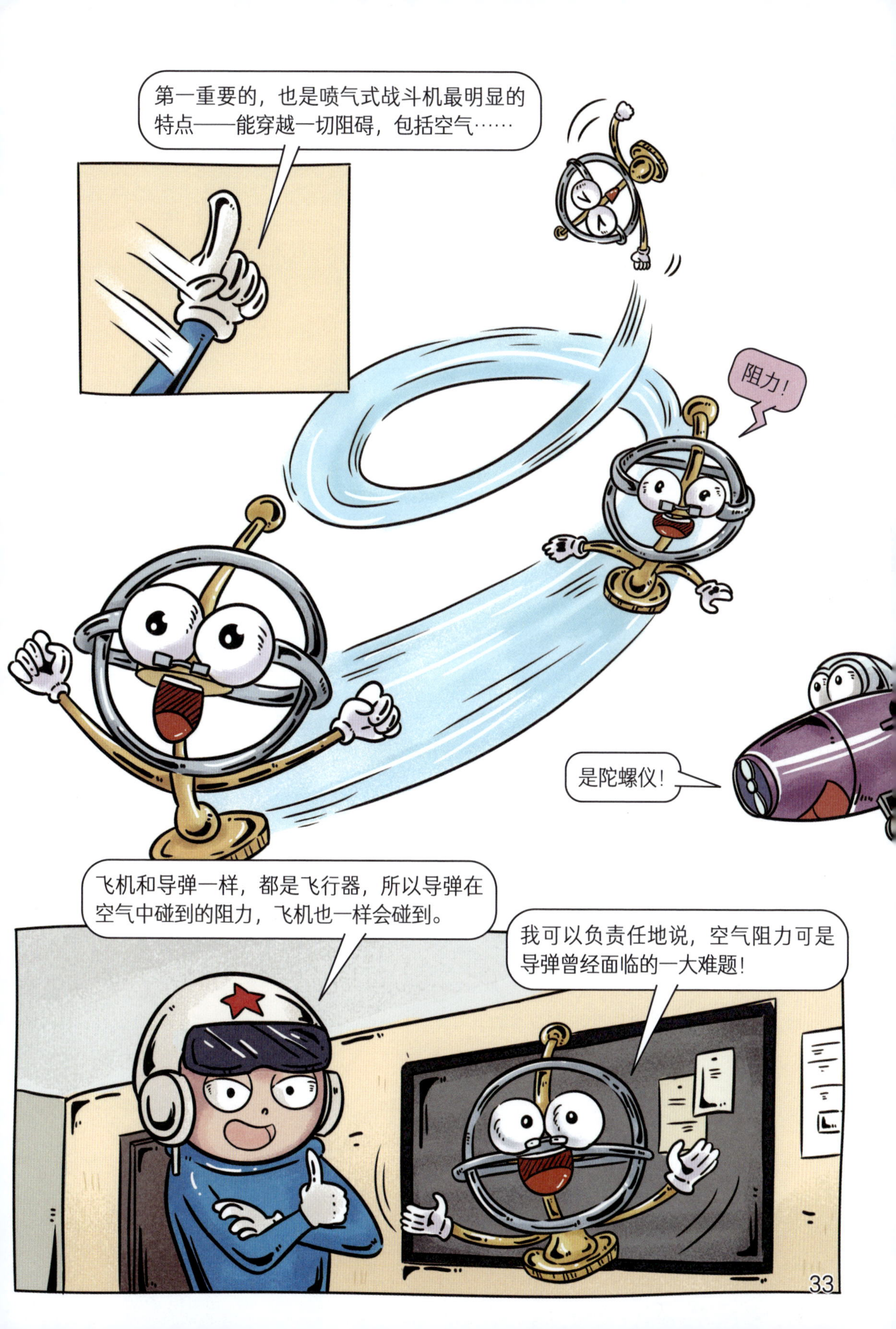
第一重要的，也是喷气式战斗机最明显的特点——能穿越一切阻碍，包括空气……
阻力！
是陀螺仪！
飞机和导弹一样，都是飞行器，所以导弹在空气中碰到的阻力，飞机也一样会碰到。
我可以负责任地说，空气阻力可是导弹曾经面临的一大难题！

流线型
流线型的外形可以很好地解决空气阻力的问题。大自然中有很多例子，比如这只燕子就是流线型的。
没错，流线型身体在飞行时受到的空气阻力最小，所以喷气式战斗机也应该是流线型的！
流线型的……燕子？
?!!
什么是流线型啊？
流线型有流畅的线条和光滑的表面，在运动时受到的空气阻力最小。
流线型有尖尖的头，这样可以把空气和水劈开前行，而不是直接撞上去。

我明白了，那我也要流线型的身体，我也要尖鼻子和流畅的线条！
我刚才给你换上的机翼就是流线型的，至于尖鼻子……

是尖头，不是鼻子，战斗机和导弹一样，需要尖尖的整流罩。
哇！好酷！

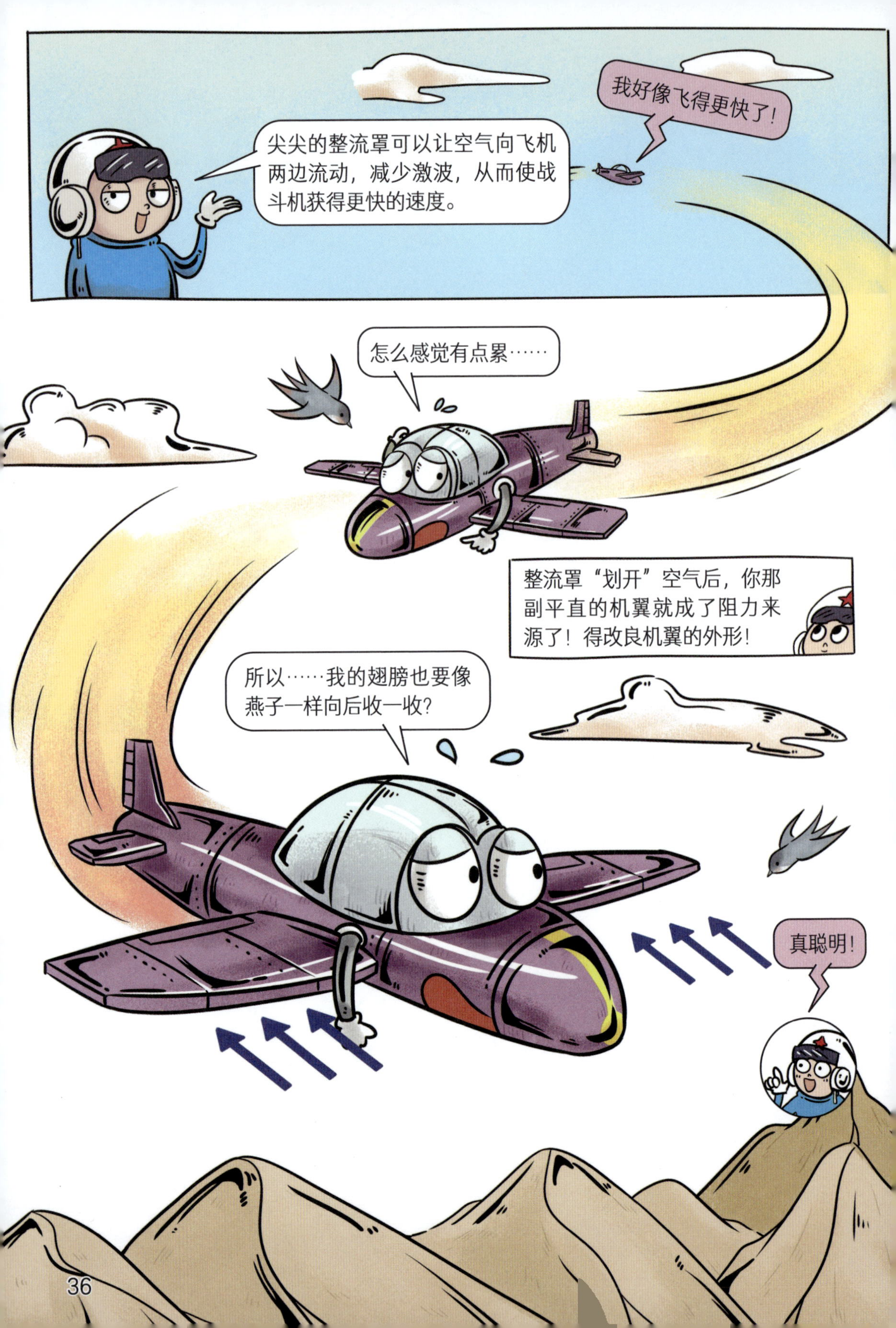
尖尖的整流罩可以让空气向飞机两边流动，减少激波，从而使战斗机获得更快的速度。
我好像飞得更快了！
怎么感觉有点累……
整流罩“划开”空气后，你那副平直的机翼就成了阻力来源了！得改良机翼的外形！
所以……我的翅膀也要像燕子一样向后收一收？
真聪明！

这种向后收拢、顺着整流罩空气流向的机翼，叫后掠机翼。

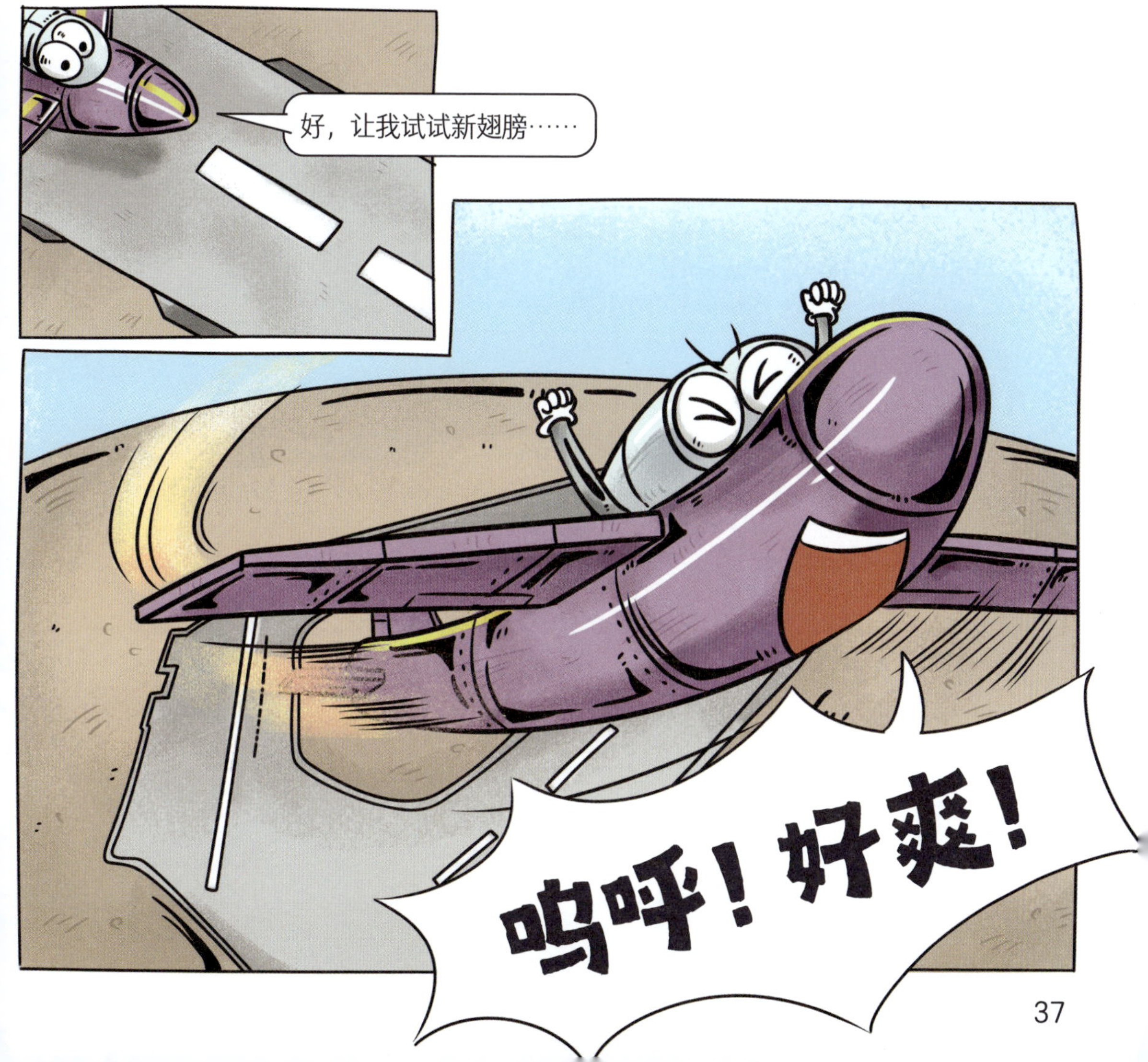
好，让我试试新翅膀……
呜呼！好爽！

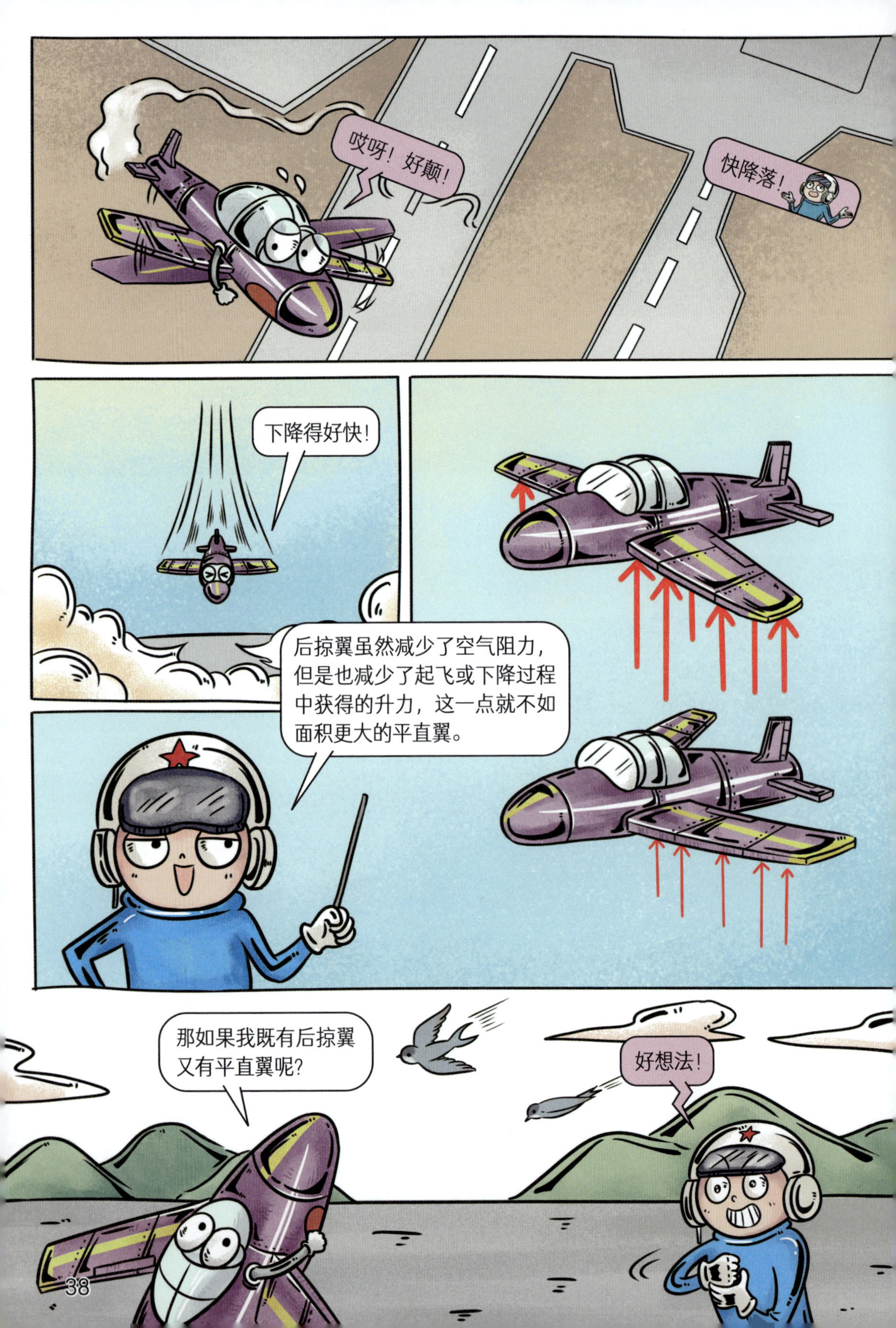

哎呀！好颠！
快降落！
下降得好快！
后掠翼虽然减少了空气阻力，但是也减少了起飞或下降过程中获得的升力，这一点就不如面积更大的平直翼。
那如果我既有后掠翼又有平直翼呢？
好想法！

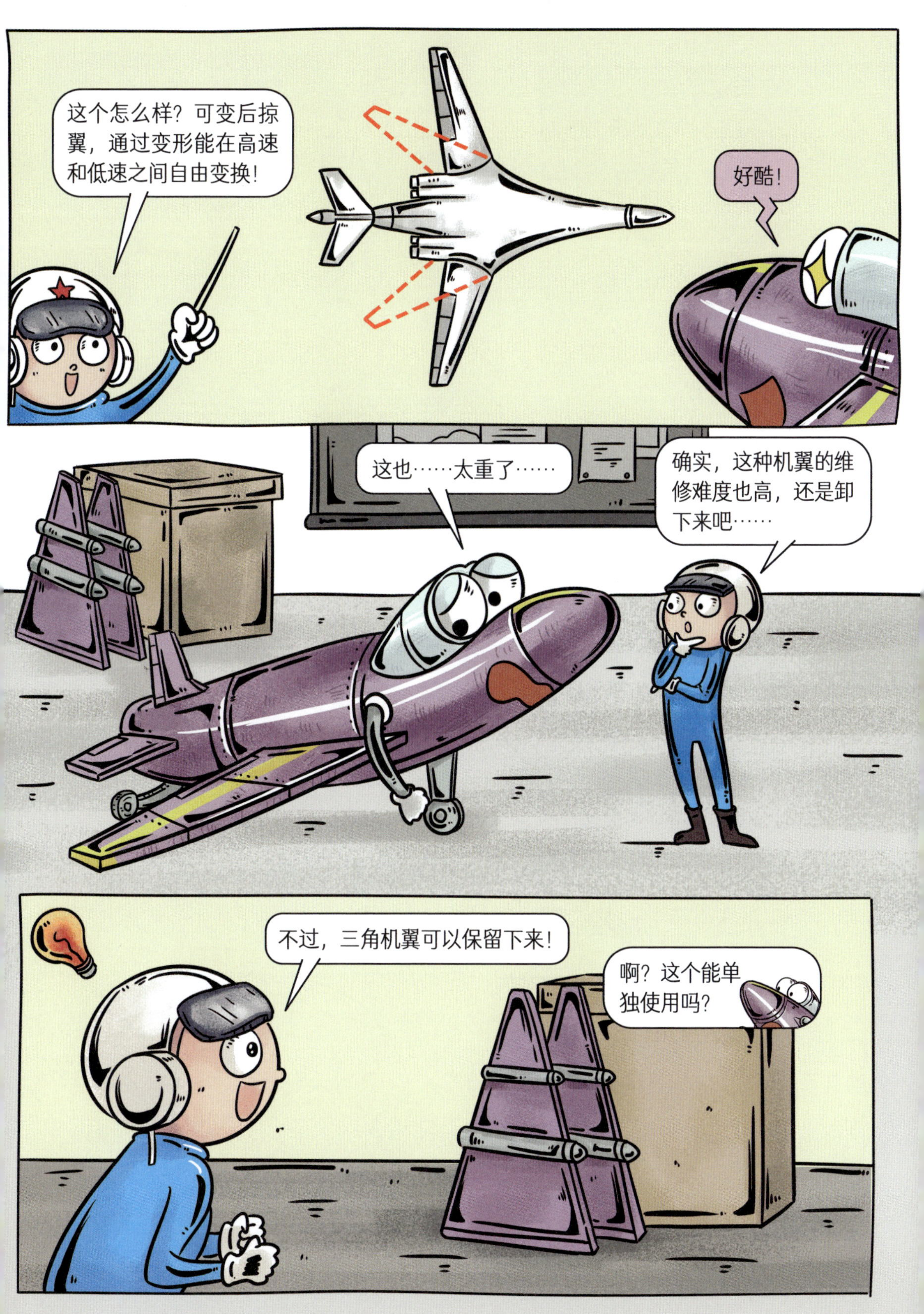
这个怎么样？可变后掠翼，通过变形能在高速和低速之间自由变换！
好酷！
这也……太重了……
确实，这种机翼的维修难度也高，还是卸下来吧……
不过，三角机翼可以保留下来！
啊？这个能单独使用吗？

三角机翼与边条翼

三角机翼的优点是飞行阻力小，跨声速飞行的时候能获得更大的升力。而且……

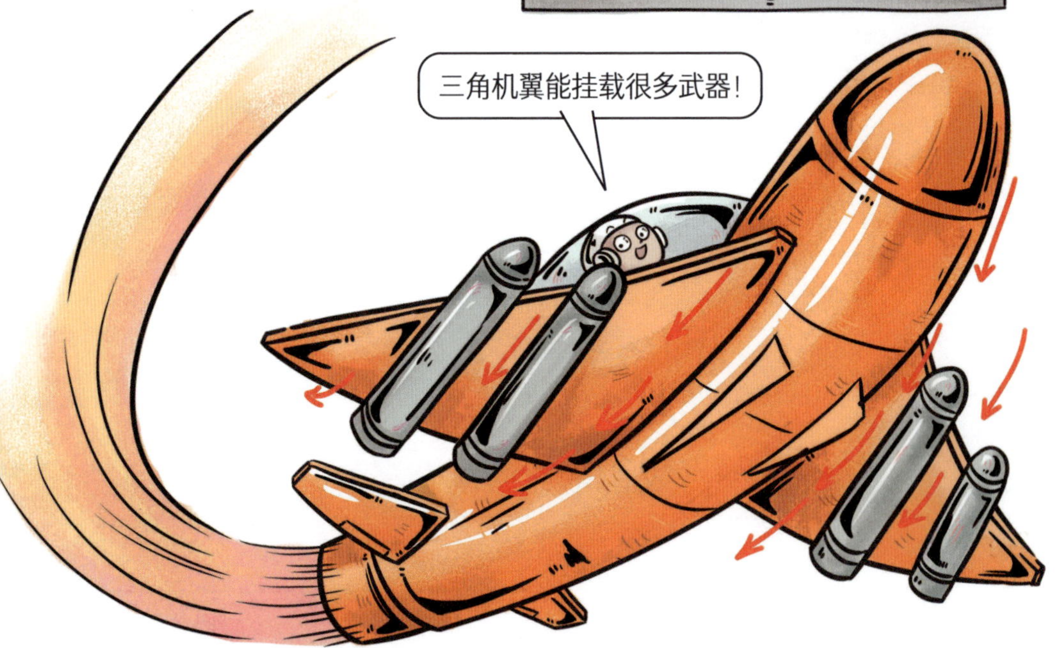
三角机翼能挂载很多武器！

太酷了！快给我也装上三角机翼！

别着急，让我给你彻底改造一下！

改造中……
机身内部：
战斗机上有综合航空电子系统、飞行控制系统、火控系统、武器系统等机载系统，它们赋予一架战斗机以灵魂，让战斗机在空中飞行的时候可以了解自己的飞行状态、姿态和所处位置等信息。
三角机翼：
在飞行时会遇到更小的阻力，得到更大的升力。
垂直尾翼：
方向舵能控制左转和右转。
航空发动机：
更强劲、更快速。
驾驶舱：
飞行员工作的重要位置，里面有很多设备，方便飞行员操控飞机。
水平尾翼：
升降舵能控制战斗机的俯仰。
副翼：
可以控制战斗机飞行中的横向翻滚。
边条翼：
气流在这里开始分离，增加升力。
整流罩：
尖尖的整流罩能劈开空气，使战斗机飞得更快。
你现在开始像一架真正的战斗机了！

飞行视野
现在我们就去实战一下吧！
哦！
仪表盘这么复杂，你不会搞错吧？
当然不会！仪表盘看起来很复杂，其实每一处都有独特的功能：有显示飞行参数的，有显示飞行速度的，有显示倾斜度的，有显示机载系统状态的，有显示油箱情况的……战斗机除了有气动外形、机身结构、发动机，各种各样支持战斗机飞行的机载电子系统也必不可少。
这里为什么多了一块玻璃？
这是抬头显示器，也叫平视显示器，可以让飞行员观察外部情况时，不用低头去看仪表盘，就能获得相关的信息。

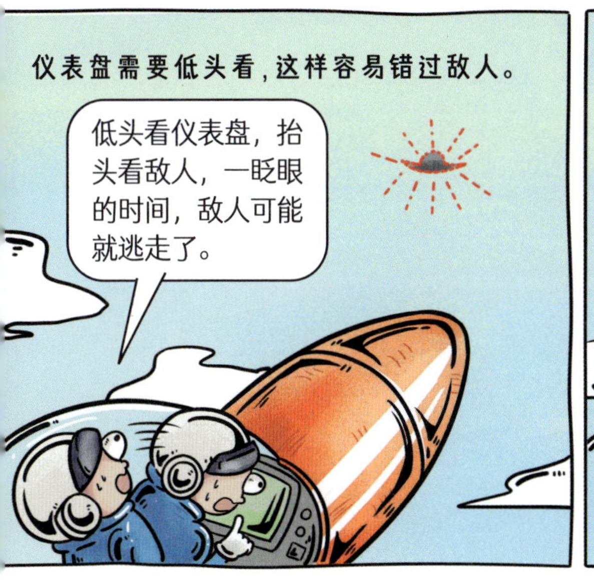
仪表盘需要低头看，这样容易错过敌人。
低头看仪表盘，抬头看敌人，一眨眼的时间，敌人可能就逃走了。

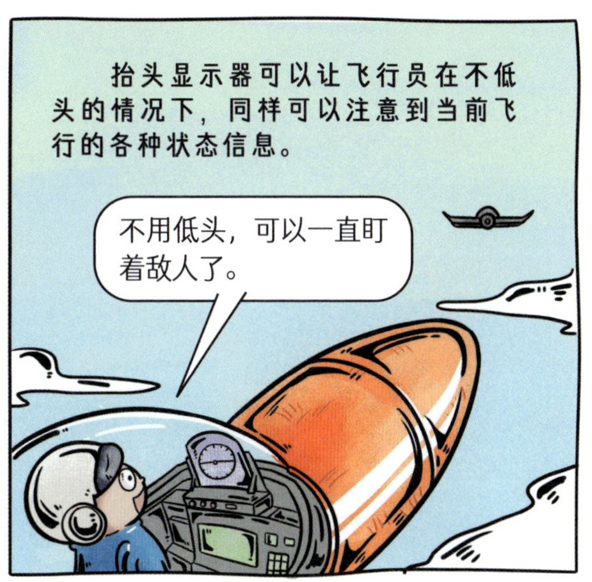
抬头显示器可以让飞行员在不低头的情况下，同样可以注意到当前飞行的各种状态信息。
不用低头，可以一直盯着敌人了。

既然这样，为什么不把仪表盘安装得高一点，或者飞行员坐得低一点呢？
那可不行！

飞行员驾驶战斗机的时候，必须看得远、看得宽阔，这很重要！无论是气泡形状的驾驶舱，还是高高的座位，都是为了让飞行员获得最好的视野，这样才能快速发现敌人。

发现敌人！快跟上！
加速前进！准备攻击！
你嘴上为什么戴着口罩？
因为高空飞行时，空气稀薄，没有这个呼吸面罩会导致飞行员呼吸困难，所以必须进行加压供氧。而且面罩里还有一套对讲系统，让我可以和机组、地面实时联络。
氧气面罩上的管子连着供氧系统，可以为飞行员供应氧气，这样飞再高也不用怕了！

马上就要追上敌人了！
现在高兴还太早了，准备射击！
打中了！
怎么跑掉了？
？！
根本没打中！果然不靠雷达就不行。

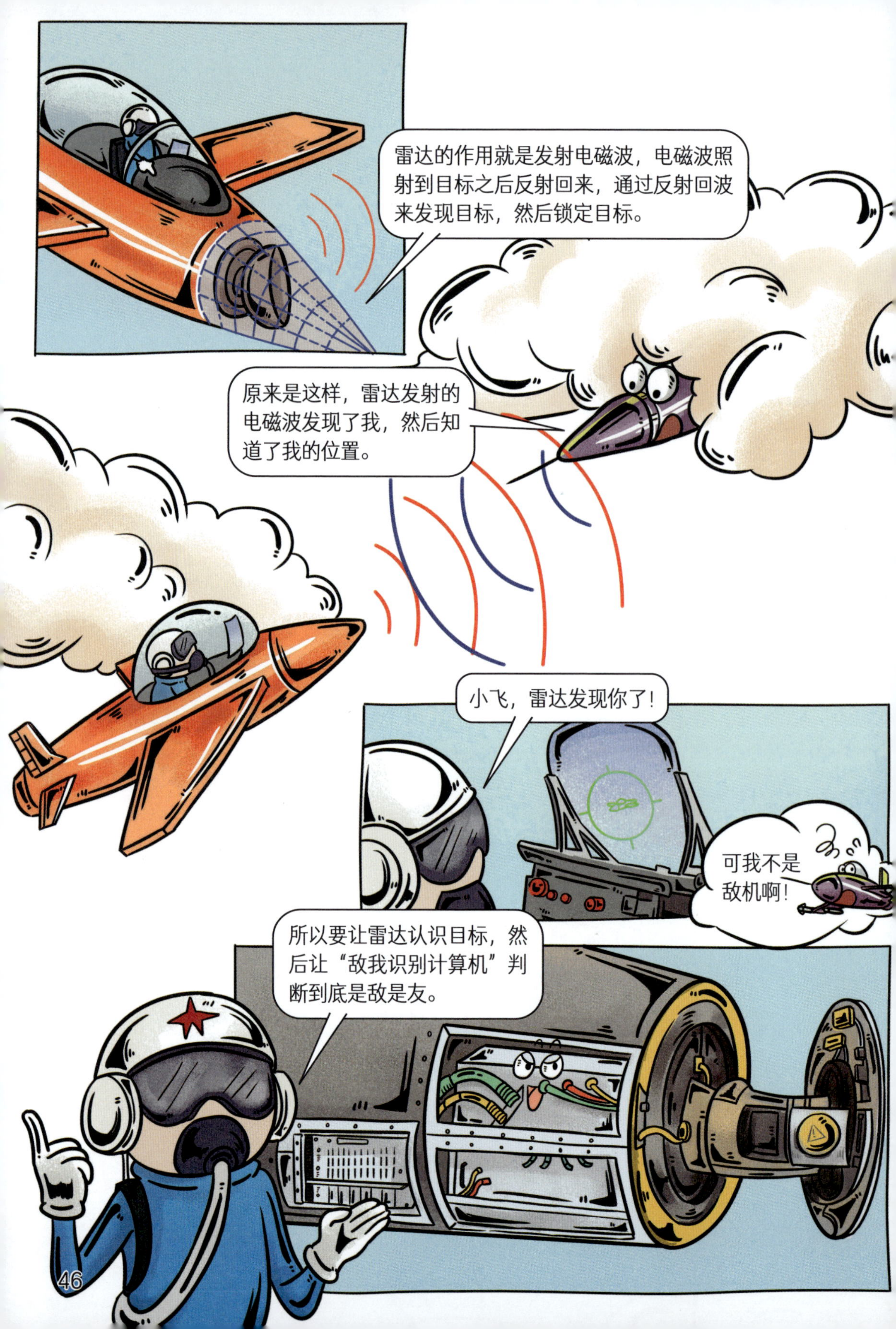
雷达的作用就是发射电磁波，电磁波照射到目标之后反射回来，通过反射回波来发现目标，然后锁定目标。
原来是这样，雷达发射的电磁波发现了我，然后知道了我的位置。
小飞，雷达发现你了！
可我不是敌机啊！
所以要让雷达认识目标，然后让“敌我识别计算机”判断到底是敌是友。

为了让雷达分清敌人还是朋友，我们让雷达发射两种电磁波，如果是朋友，会对询问的电磁波进行自动回答。
我明白了，一种电磁波返回，告诉我们目标在哪里，另一种电磁波是特殊的信号，用来询问目标，如果目标不回答，那就是敌人。
没错！这就是“敌我识别应答”的整个过程。你身上装了应答机以后，就能正确回答信号了！
小飞，雷达发现你了，而且你正确回复了应答信号，计算机认出来你是朋友了！
小飞！
现在雷达开始定位敌机，导弹也要做好发射准备！
收到！

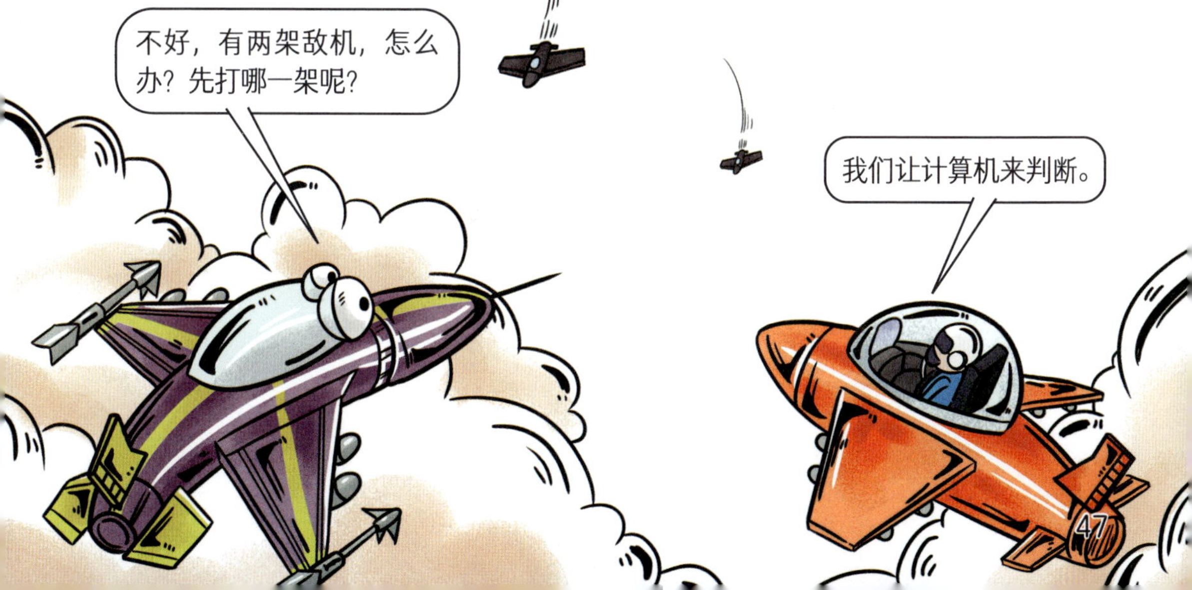
不好，有两架敌机，怎么办？先打哪一架呢？
我们让计算机来判断。

红色表示敌机很近，黄色表示敌机很远。对付远处的敌机就要用导弹了。
发射导弹！
打中了！
还有一个敌人！
恶霸
这叫“一对多火力分配”。有了雷达和计算机的帮助，我们可以攻击很多目标！
都打中了！

隐身技术

我们的雷达能发现敌机，那敌机的雷达也能发现我们吧？
是的，所以我们要想办法“隐身”。先回去，我给你看个好东西！
油漆就是你说的“好东西”？
这可不是一般的油漆，涂上它以后，雷达就找不到我们了。
这层油漆使电磁波无法返回雷达，就相当于雷达“看不见”我们了。
可是……敌人会不会也用这种油漆？

我明明涂了隐身油漆，为什么还是被发现了？
多台雷达合作，加上卫星和战斗机一起追踪，不同波长的电磁波反复探测，就能成功反隐身！

还有一种方法，叫主动雷达干扰。
哦？

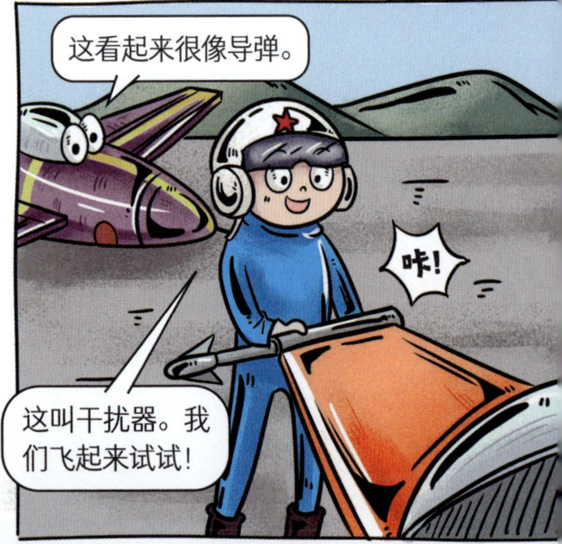
这看起来很像导弹。
咔！
这叫干扰器。我们飞起来试试！

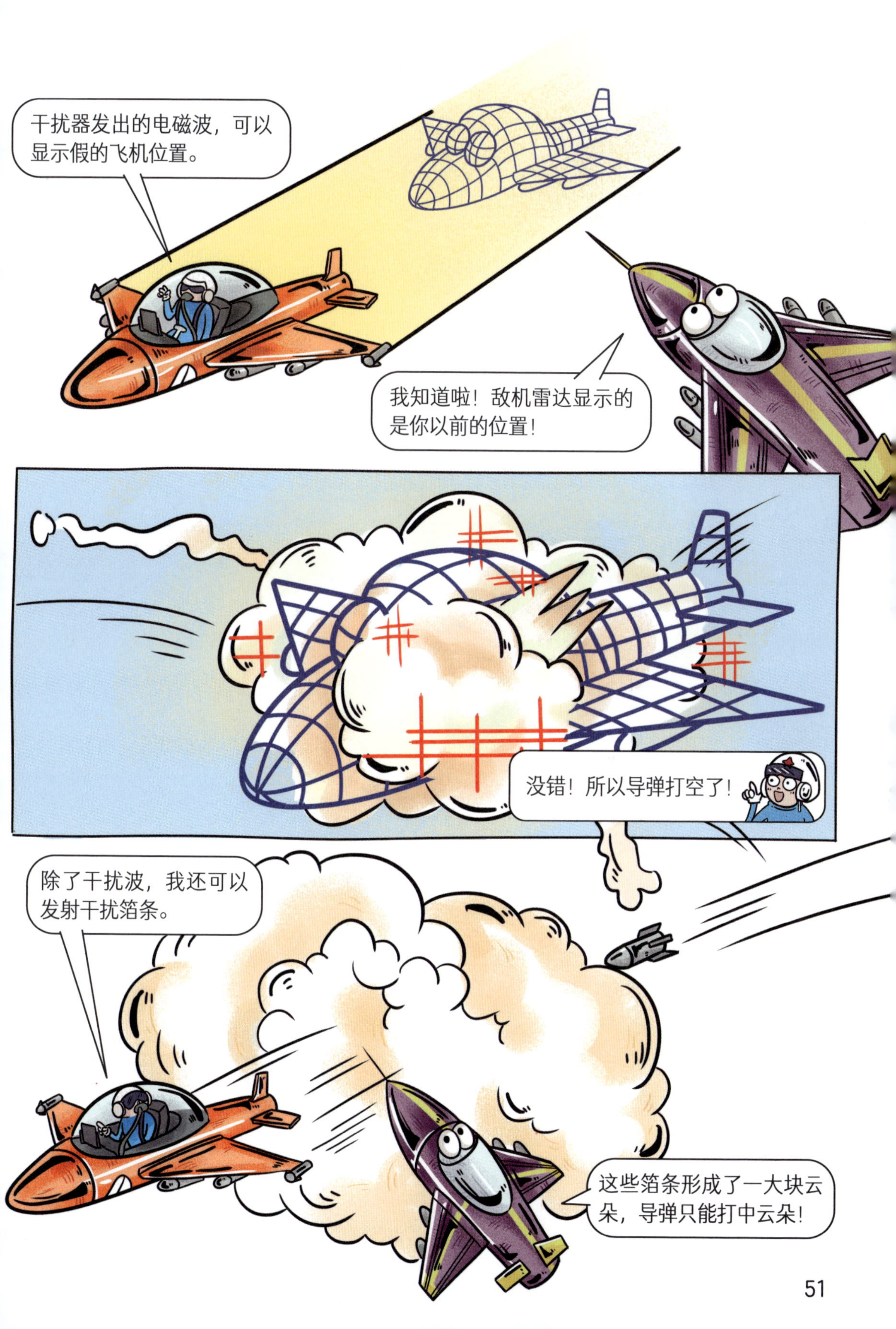
干扰器发出的电磁波，可以显示假的飞机位置。
我知道啦！敌机雷达显示的是你以前的位置！
没错！所以导弹打空了！
除了干扰波，我还可以发射干扰箔条。
这些箔条形成了一大块云朵，导弹只能打中云朵！

这个拉手是干什么用的?
救命用的!
别拉!
喂!弹射座椅是遇到危险的时候才用的!
竟然是弹射座椅!
飞行员别慌,我来救你啦!

问　答

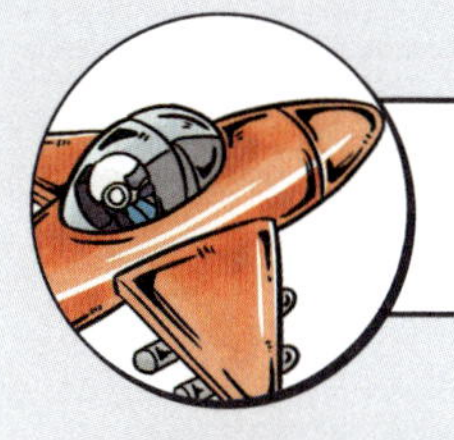

机翼的发展经历了几个阶段?

机翼的发展一共经历了五个阶段，分别是平直翼、后掠翼、可变后掠翼、三角翼、边条翼。平直翼在低速状态下可以获得较大升力，飞机可以获得出色的起降性能。但是，较大的飞行阻力让战斗机很难飞得更快，最终无法突破“音障”。这时，工程师们意识到问题不在于发动机，而在于飞机的机翼。

可变后掠翼的出现意义重大，它使得战斗机在起飞时既能有平直翼优异的升力，又能在高速飞行时像后掠翼一样延缓激波的产生，实现超声速飞行。这为后来边条翼的成功研发奠定了基础。

可变后掠翼很好，然而飞行员在高度紧张的状态下，往往很难分心去手动调整后掠翼，于是美国的 F-14 雄猫战斗机在这方面取得了突破。起飞时，机翼处于张开状态，随着飞行速度不断提高，空速管会将速度信息传输给机载控制计算机，计算机根据速度大小，自动调节机翼后掠角度，减轻了飞行员的操作压力。这也让 F-14 成为当时各国战斗机中的明星产品。

然而，可变后掠翼的整个系统设计复杂，日常维修要花费很多钱，归根到底还是三个字：不经济。工程师们在无数飞行数据中发现，可变后掠翼的前端凸起部位在高速飞行时会拉出向后的空气涡流，帮助战斗机更好地“劈开”空气。随着进一步研究，工程师们发现，由于这个“前端凸起部位”的存在，流过机翼上方的空气涡流可以在机翼上方形成低压区，从而增大机翼上下的压力差，最终增大升力。于是，边条翼成为现代战斗机的最终设计形态。

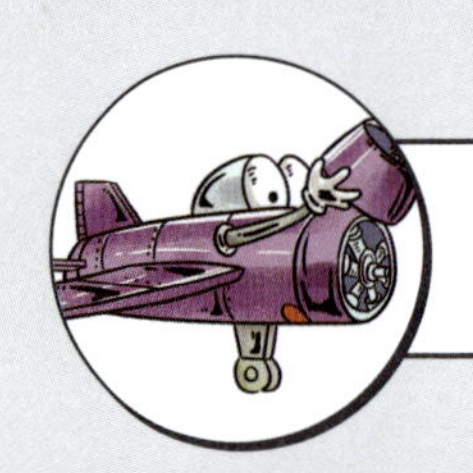

战斗机驾驶舱有没有为飞行员准备的科技元素?

当然有！当战斗机的飞行高度在10000米左右时，整个外部环境处于平流层和对流层，温度非常低。我们知道，高度每上升1000米，气温就会下降6～7摄氏度，而万米高空，飞机外的温度只有零下50～零下40摄氏度。在现代战争当中，战斗机为了躲避雷达或避免被敌人发现，飞行高度一般都在万米左右，一些战斗机甚至可以飞到30000米，那时战斗机外部的气温会达到零下100摄氏度，如果驾驶舱内没有“空调”，飞行员会很容易陷入“低温症”而晕厥。

战斗机是高科技的产物，为飞行员服务的是一整套系统，全名叫“生存维持系统”，或者“环境控制系统”。这个系统可以长时间维持战斗机内部的舒适环境，避免飞行员在驾驶时因为温度、湿度、氧气等方面发生异常，而危及他们的生命安全。这套系统非常智能化，增加了污染物控制、湿度控制、加热及氧气循环等功能，可以自动调节温度、湿度、氧气含量等。其电加热系统一般安装在座椅下方，可以保护飞行员不被冻伤。

战斗机的设计非常复杂，在驾驶舱内我们看不到更多和“生存维持系统”有关的设备。不过可以确认的是，驾驶舱在确保飞行员拥有广阔视野的同时，也确保了飞行员的生命安全。

战斗机为什么要同时装有导弹和机炮？

这是一个非常棒的问题！在 20 世纪 40 年代以前，战斗机基本采用活塞式发动机，多数装备航空机枪。飞得慢、没有更好的瞄准方法，加上性能实在不高，多个回合的互相扫射成了当时的主流。

在 20 世纪 40 年代以后，战斗机发动机技术获得了长足的进步，开始进入喷气式时代，机载武器装备变成了航空机炮。在 1956 年，美国制造出“响尾蛇”空对空导弹，而苏联在同一年成功制造出 AA-1 空对空导弹。由于空对空导弹具有反应快、机动性好、航程大、尺寸小、使用灵活等优点，加上雷达制导技术的成熟，命中率大为提高，一举取代航空机炮成为空战主要武器。

相比之下，航空机炮的射程只有几百米，精度也不高，弹药消耗还快，以美国的 M61 火神机炮为例，射速最高 7200 发 / 分钟，正常射速 4000 发 / 分钟，载弹量 1200 发，很快就打完了，看上去起不了大作用。

战斗机装备空对空导弹后，还要不要航空机炮成为争议话题。空对空导弹的流行，大大缩短了空中战斗的时间，加上战斗机的速度越来越快、火力控制系统越来越精准，很难有一场空战时间长于 4 分钟。

然而，最终决定航空机炮留在战斗机上的因素，是“生存能力”。空对空导弹打完以后，如果没有装备机炮，战斗机就只能被动挨打了。为了更好地活下来，尽最大可能消灭敌人，航空机炮作为最后的防备性武器，留在了战斗机上。

有意思的是，航空机炮的造价并不便宜。还是以 M61 火神机炮为例，一门这样的机炮价格超过 50 万美元，和一辆法拉利跑车价格相当。

战斗机的“隐身”是怎样做到的？

战斗机所谓的隐身，是指使用雷达这样的设备探测不到战斗机。雷达之所以能发现目标，是因为它发出的电磁波遇到目标后，能反射回来。然后通过计算机识别，可以立刻得出目标的距离及方位等信息。“隐身”的原理，就是让雷达接收不到（或者计算机不能识别）反射回来的电磁波，成为“瞎子”。

具体怎么做呢？第一是从外形设计上，让电磁波直接“穿透”战斗机不发生反射。也就是说，把机身上的雷达反射面积做得越小越好。人类军事历史上第一架“隐身”战斗机是美国的 F-117，其机身的下表面与上表面是由许多块小平面组成的三角面。这样做的好处，是可以最大限度地把电磁波反射到其他地方，让雷达接收不到。

第二是机身吸波材料。通过战斗机表面的特殊材料，把雷达发射的电磁波吸收掉。吸波材料的种类比较多，比如美国 F-22 战斗机采用氧化镓与银的混合材料，这种混合材料非常娇气，平时存放太冷不行，太热也不行……

中国的一些战斗机采用“超隐身涂料”，雷达发出的电磁波被反射到一个指定的角度而不是回到雷达那里；或者，让雷达产生一个“错觉”，比如让雷达识别成战斗机在 2000 米的高度，但实际上战斗机处于 2050 米的高度。别小看这 50 米的高度差，导弹打过来，战斗机完全不会被打中。

第三是特殊部位的隐身处理。战斗机的构造十分复杂，有些部位很难通过上面的两种手段实现隐身，比如驾驶舱、发动机的进气道、尾部喷射口等。相应的处理办法就是“特殊处理”，比如改变喷射口的设计，驾驶舱用吸收雷达电磁波的材料等。

战斗机的作战半径是什么意思？

作战半径指战斗机在作战任务的要求下，从机场到战斗区域间的往返航程。请注意，是往返航程，而不是“去了就回不来了”的单程。

战斗机对“作战半径”要求非常高：首先，携带的武器不能过多，应属于正常作战的范围；其次，不能进行空中加油，不然等于作弊；第三，一定要从机场起飞，沿指定的航线飞行，最后返回原机场；第四，还要考虑飞行高度、速度、当天的气象条件、战斗机编队的数量、战斗任务的难易程度等因素。所以，作战半径是衡量飞机战术和技术性能的主要指标之一。

在上面的种种条件当中，气象条件对战斗机作战半径的限制最为广泛。飞行高度、飞行方向、飞行速度等多个方面，都要受气象条件的影响。这些影响当中，有好的也有坏的，但从科学的角度，以及战斗机生存的难度来考虑，气象条件的“坏影响”在作战任务的规划中被考虑得更多，这样才能保证战斗机安全地往返于作战区域。

现在，中国战斗机的作战半径一般超过 1000 千米，有的战斗机的作战半径超过 1600 千米，属于非常大的范围。

移动的岛
当操场会飞
接球！
等等我！
怎么了?！
救命！
哎呀！
操场居然飞起来了！
飞机！
宝贝，那是航空母舰！
一个标准的体育场，大约长120米，宽85米，包含外圈的8条400米跑道和中心的标准足球场（长105米，宽68米）。

那才不是航空母舰！
呼——原来是一场梦啊！
如果用体育场来计算的话，一艘航空母舰甲板的面积，就相当于……两个体育场！

航空母舰不会飞

这个梦最让人生气的地方，是那个大人指着正在飞的东西叫航空母舰！

要知道，航空母舰根本不会飞！
实际上，“航空”并不是指这艘大船，而是指航空母舰上的我——舰载机！
航空

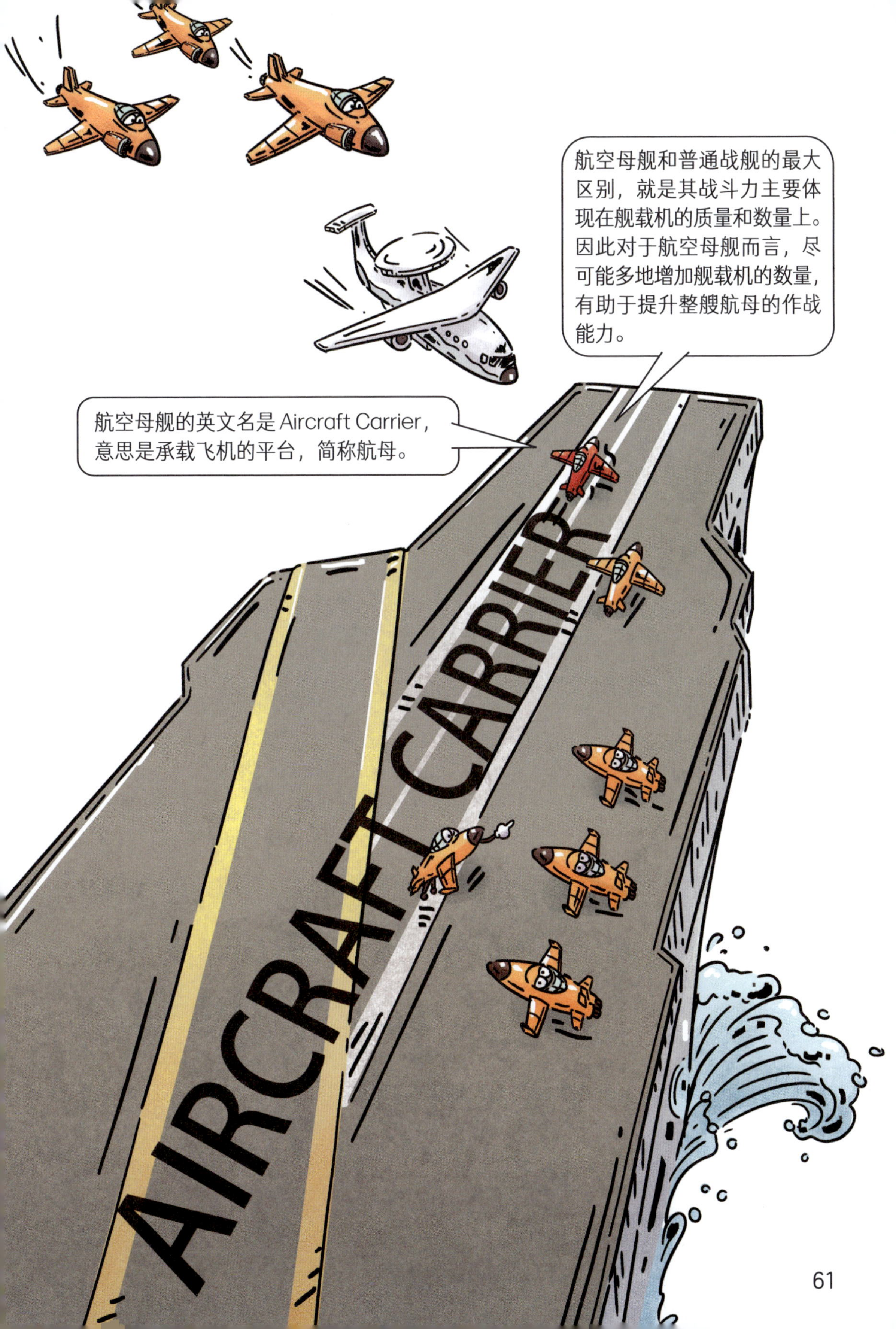
航空母舰和普通战舰的最大区别，就是其战斗力主要体现在舰载机的质量和数量上。因此对于航空母舰而言，尽可能多地增加舰载机的数量，有助于提升整艘航母的作战能力。
航空母舰的英文名是 Aircraft Carrier，意思是承载飞机的平台，简称航母。
AIRCRAFT CARRIER

超级大的百宝箱

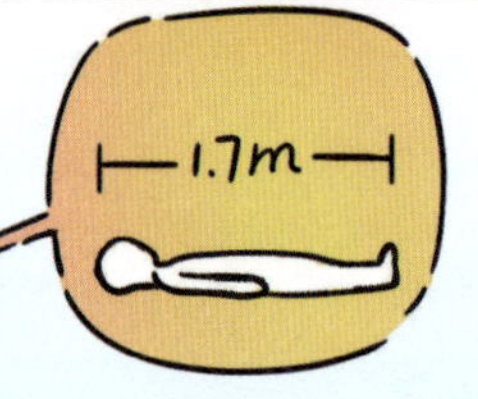

成年蓝鲸体长约 30 米，是一名成年人身高的17倍多。

那这么大的航母，上面
只有我们舰载机吗？

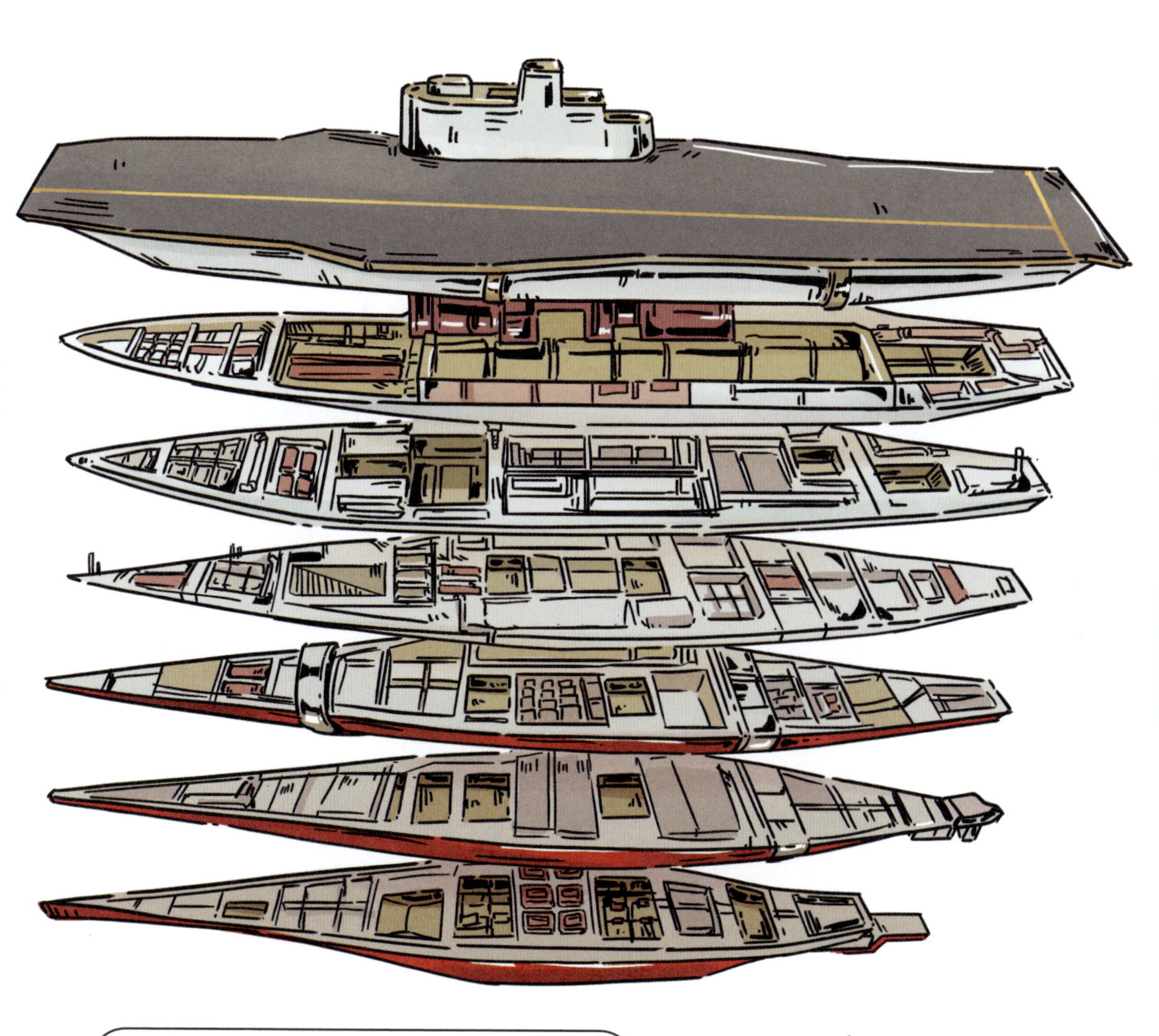

那可不是，航母上不仅仅有飞机，还有舰炮、
雷达、导弹等武器装备……而且，航母上
还有完备的生活设施！

不仅有宿舍、超市，
还有健身房、洗衣房，
甚至有邮局！

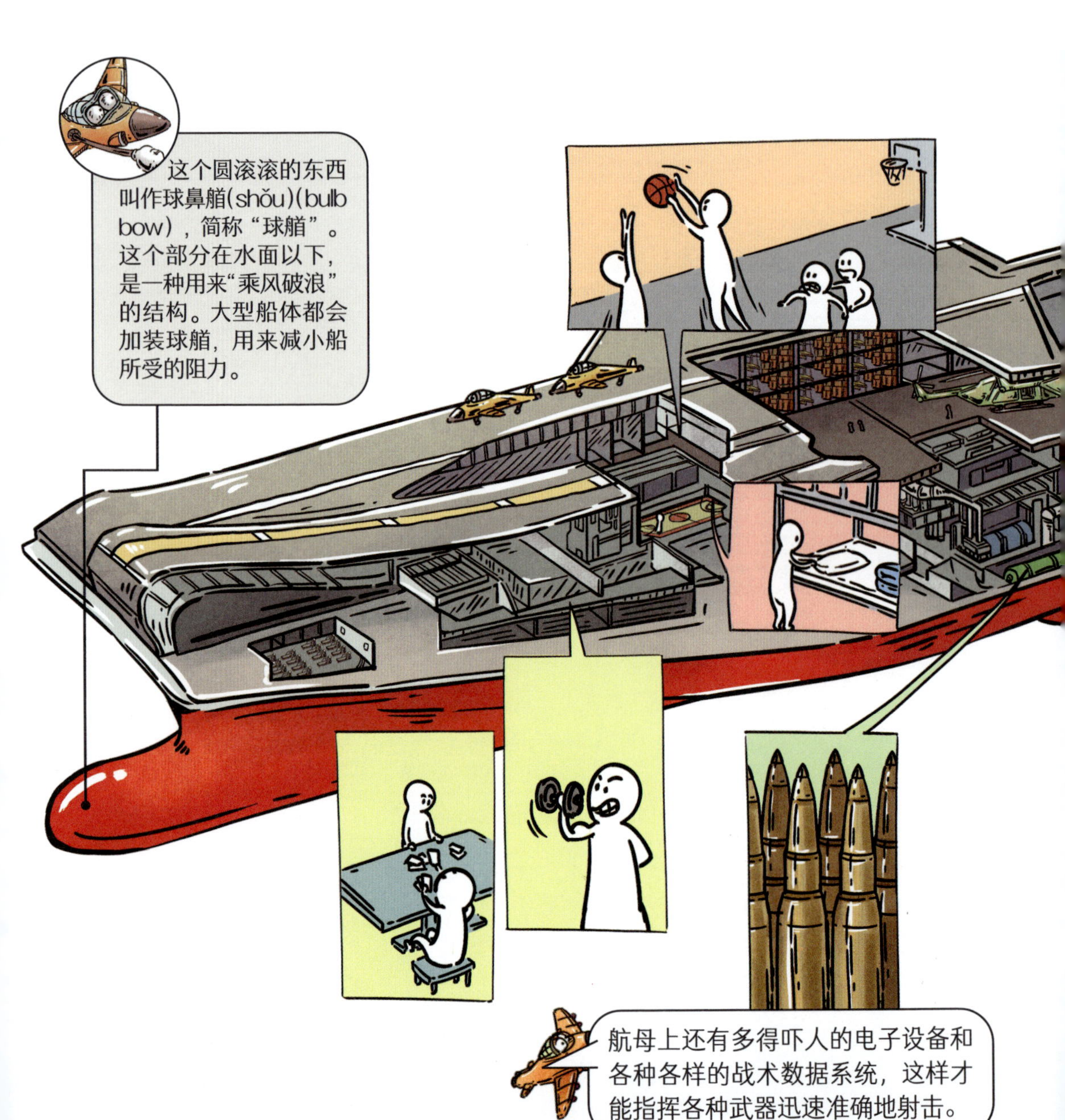

航母上还有多得吓人的电子设备和各种各样的战术数据系统，这样才能指挥各种武器迅速准确地射击。

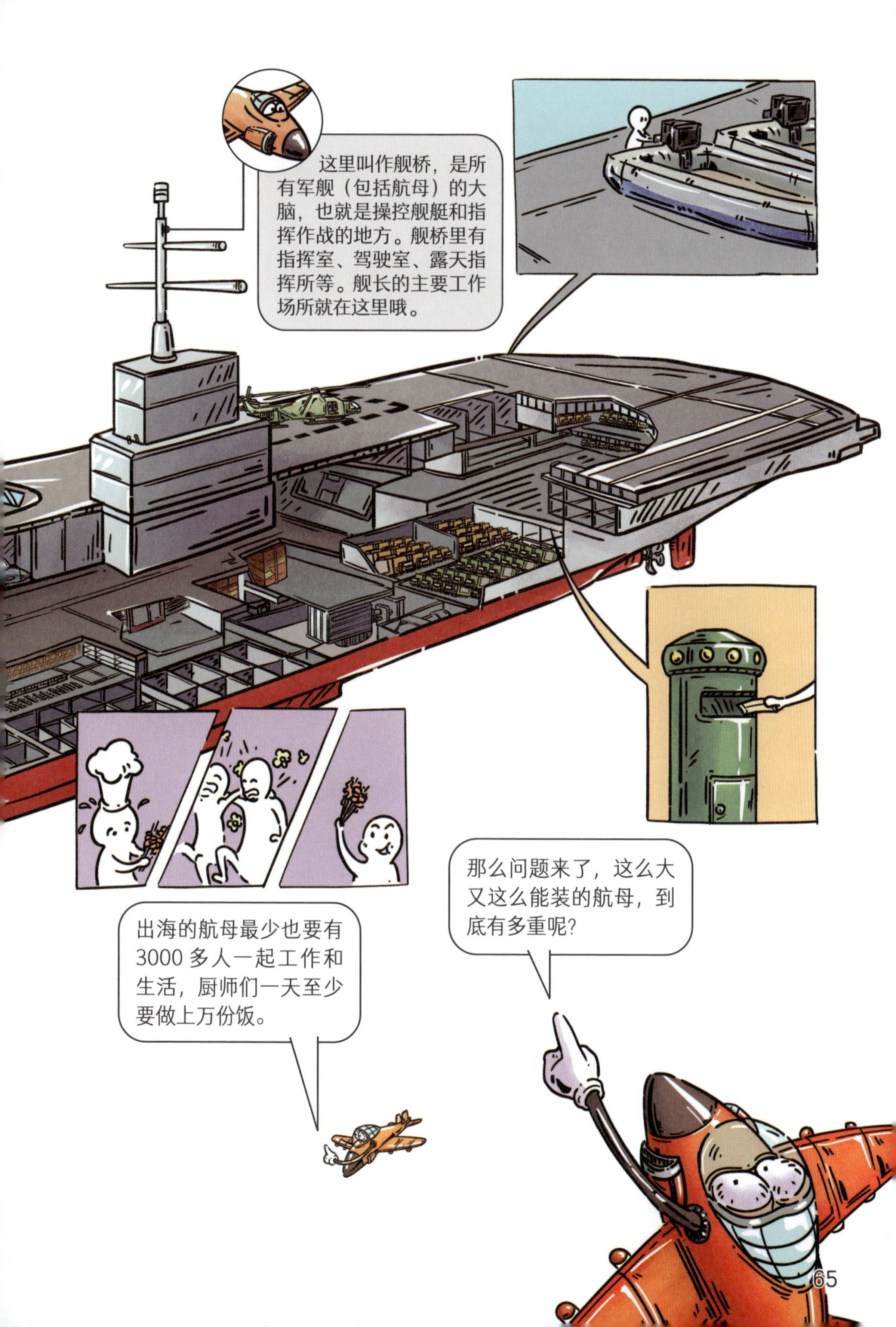

这里叫作舰桥，是所有军舰（包括航母）的大脑，也就是操控舰艇和指挥作战的地方。舰桥里有指挥室、驾驶室、露天指挥所等。舰长的主要工作场所就在这里哦。
出海的航母最少也要有3000 多人一起工作和生活，厨师们一天至少要做上万份饭。
那么问题来了，这么大又这么能装的航母，到底有多重呢？

第一届钢筋铁骨称重大赛
舰载机，25 吨！
我才 2 吨……
25t

第一届钢筋铁骨称重大赛
下一个！
我们已经很重了，但航母比我们要大得多、重得多，根本没有秤可以称得起它。
什么情况?!
航空母舰！你怎么来了?!

我也想参加比赛……

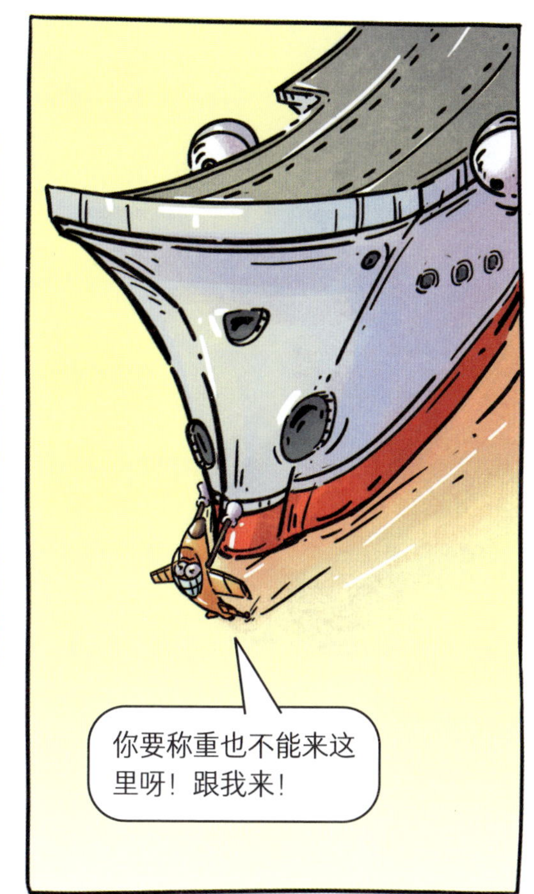
你要称重也不能来这里呀！跟我来！

?
对于你这样的大家伙来说，有浮力的水才是你最好的称重设备！

往一杯已经装满水的杯子里继续放东西会怎么样呢?

很明显，杯子里的水会溢出来。

1

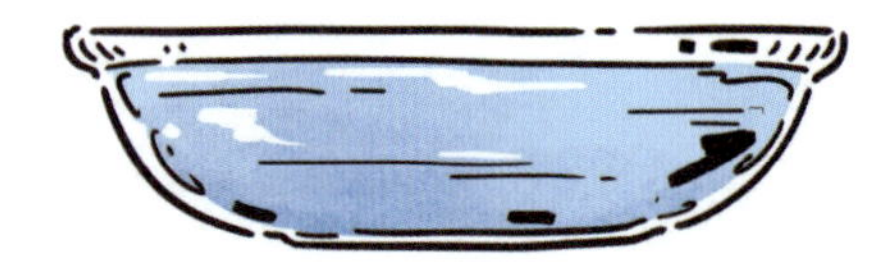

2

杯子就那么大的容量，装不下的东西自然会被“挤”出来。

而这些溢出来的水和放进去的东西在水中的体积是一样的。

这些溢出来的水的重量就是放进去的东西的重量。

3

4

难怪船只的重量一般用“排水量”来表示啊!

航母如果装满各种装备，会轻松超过 60000 吨排水量。

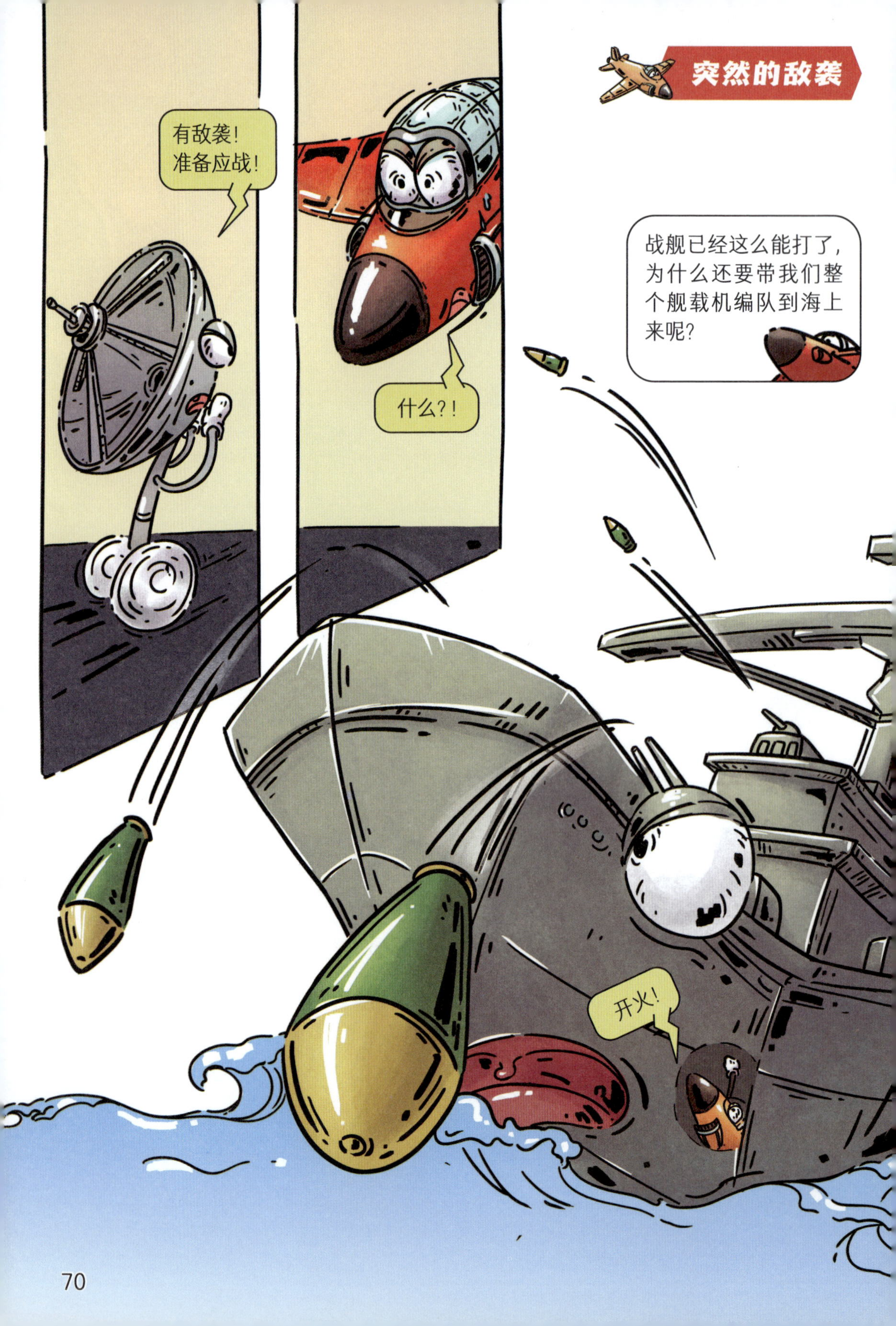
有敌袭！
准备应战！
什么?！
战舰已经这么能打了，为什么还要带我们整个舰载机编队到海上来呢？
开火！

地球是由 70% 的海洋和 30% 的陆地组成的，海洋比陆地大很多，不过，地球是圆的。
所以呢？
不管你的视力有多好，你也只能看见自己“视力范围”内的东西。你的视线并不能拐弯。
雷达
可……我们不是还有雷达吗？

和你的眼睛一样，用于监测敌袭的雷达发出的也是呈直线的“雷达波”。可我们生活在球面上，所以雷达只能针对高处的目标进行监控。
盲区

盲区
那如果目标不在雷达侦察范围内……
那就会……
躲不开，逃不掉，防不住！
救命啊！

别怕，我来了！
预警机驾到！
太好了！
更快地发现敌人，这就是我们预警机的功能！
当雷达搭上飞机，就可以不受地形限制监测一切！
我只能待在原地……

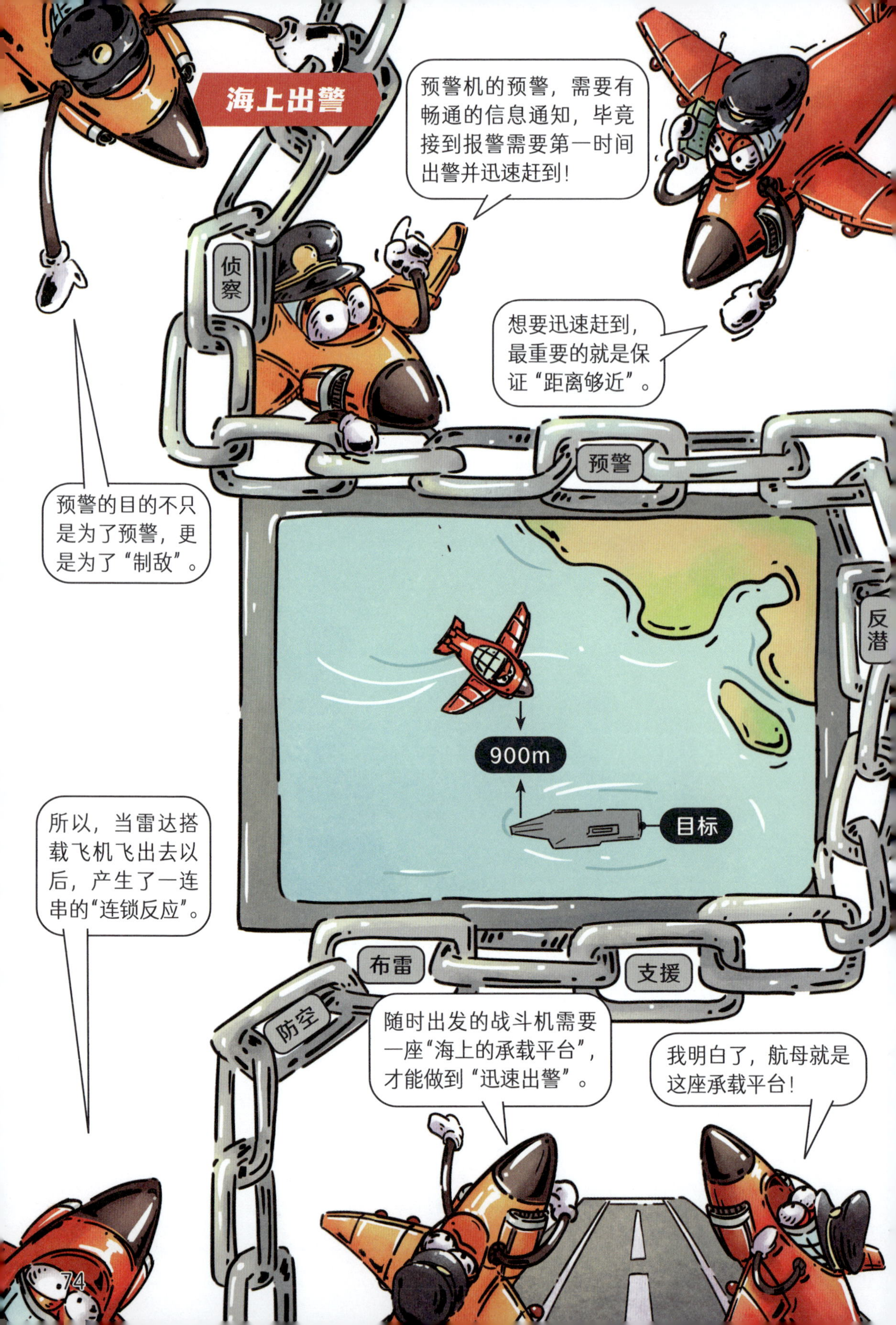

海上出警
预警机的预警，需要有畅通的信息通知，毕竟接到报警需要第一时间出警并迅速赶到！
侦察
想要迅速赶到，最重要的就是保证“距离够近”。
预警的目的不只是为了预警，更是为了“制敌”。
预警
反潜
900m
目标
所以，当雷达搭载飞机飞出去以后，产生了一连串的“连锁反应”。
布雷
支援
防空
随时出发的战斗机需要一座“海上的承载平台”，才能做到“迅速出警”。
我明白了，航母就是这座承载平台！

航母不仅需要将预警、战斗、支援、存储、维修等功能集于一身，更需要的是一整个航母编队。
我早就想问了，航母周围为什么总是围绕着一堆小舰艇呀？
虽然航母有大量的空中武装力量，也就是我们，攻击能力很强，但航母本身的防御能力是薄弱的，所以需要其他舰艇的保护和供给。有些任务需要“小个子”才能完成，因此必须有其他战舰的协助。
这些协助的舰艇，不仅水面上有，水下也有哦！
在水面上由我们保护航母！
别担心，水下有我们潜艇护着呢！

我是运输机，是给航母运送人员及装备的飞机。

运输机

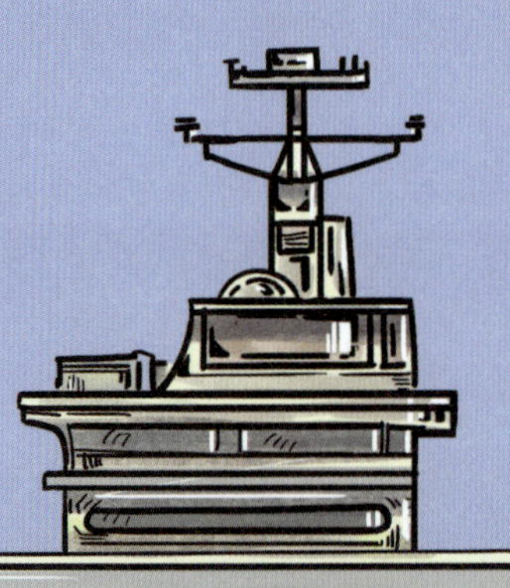

航母

10 千米

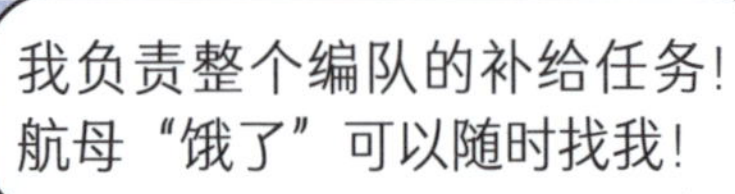

别看我飞在空中，我可是能发现和打击水下潜艇的！这样就能及时消除水下威胁了。

我主要负责舰队的防空，尤其是对付那些放冷枪偷袭的敌人！

我主要负责空中战斗，解除来自空中的威胁，是航母战斗群的中坚力量！

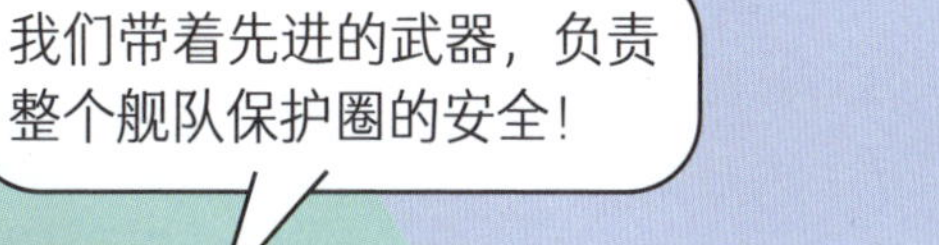

别看被叫作“小个子”，我们可不是你以为的小不点哦！

15 千米

我的位置谁也探测不到，我是舰队隐蔽的“杀手锏”！

180 千米

所以在陆地上的机场，都会准备超过 2000 米的跑道，最长的机场跑道甚至超过 5000 米。

可是航母最长只有300米左右……这跑道也太短了吧？
看清楚了，老兄，航母的甲板有两部分，头部的那块与舰身方向基本一致的甲板叫“直向甲板”，那才是用来起飞的甲板！这块甲板可没有300米，只有不到100米！
这块甲板连100米都不到，这么短的助跑距离可怎么起飞呀？
99m
这就是航母的“大秘密”了！

“大弹弓”

为了充分利用所有的力量加速起飞，我们不会在跑道上一点点提升发动机的动力，而是助跑前就已经全速运转发动机了。
还好有偏流板保护我……
偏流板

天哪，着火了，快灭火！快灭火！
你是第一次在航母上起飞吗？这些蒸汽其实是帮助咱们起飞的……

这些蒸腾的白气，是蒸汽弹射器产生的，是帮助咱们更快加速到起飞速度的。
蒸汽弹射器？在哪儿呢？

哇，谁抓我?
是我,我在甲板下面哦!

准备好，我要把你弹射出去了哦!
蒸汽弹射器会给你一个更快的起飞速度，这就减少了“助跑”的距离。
啊？什么东西?

这个大罐子叫“蓄能罐”。弹射之前，我会在蓄能罐里装满蒸汽。
牵引杆
蓄能罐

抓住你的是牵引杆，它连在轨道下面的“小推车”——助推滑梭上。
助推滑梭

位于舰载机驾驶舱下方的前轮，叫作鼻轮。牵引杆抓住的就是它。

舰载机在百米跑道上，把自己的速度从 0 骤然提升到每小时 220 千米，弹射器功不可没。
我飞起来了！
走你！

巨大动力

哇，这个力量太猛了！航母下面还藏着这么大的推力装置呢？
这套蒸汽弹射系统的动力，只是航母动力系统的一小部分呢！

什么样的动力才能带动航母这样的大家伙啊？是汽车上那种发动机吗？
不是，汽车上的发动机叫作内燃机。航母上用到的动力就是“蒸汽”啊！
螺旋桨
蒸汽轮机
利用燃料燃烧的“内燃机”，可以把燃料运用得很充分。但是要给航母制造一个这么大且结实密闭的气缸，是做不到的。

利用热能烧水变成蒸汽，
是超大型装备和大多数发
电厂的动力来源。
原来“蒸汽”这
么厉害啊？

只需要有热能，无论是用普通燃料还是用核动力燃料产生的，都可以把“水”烧成“蒸汽”。
人们早在几百年前就开始利用蒸汽产生动力、作为驱动力，航母上的蒸汽轮机也是如此。
叶轮
大量的蒸汽除了推动蒸汽轮机的叶轮运转，还可以存储起来提供给弹射系统，可以说是一举多得！
原来，助推我起飞的力量是这样获得的！
弹射系统

在降落的时候，这些提前
蓄积的蒸汽也能给我们的
降落提供一点点帮助……
一点点？

对，就一点点，所以你抓
紧时间享受这次飞行吧！

什么意思？

一会儿降落又是一场考验。
什么？！

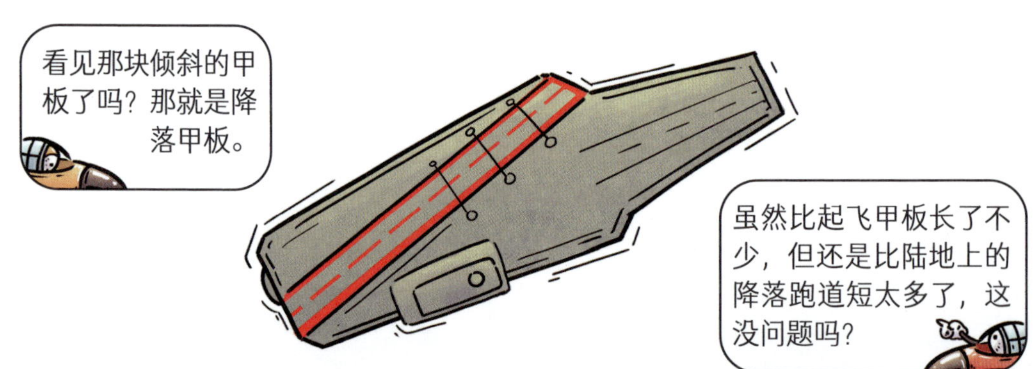
看见那块倾斜的甲板了吗？那就是降落甲板。
虽然比起飞甲板长了不少，但还是比陆地上的降落跑道短太多了，这没问题吗？

哎呀，它的速度好快！
弹射系统可以在静止时抓紧我们，大大降低起飞的难度。但是降落是非常困难的事情，我们必须严格控制自己的体重，但还要保证一定的速度，太快或太慢都不行……
停停停停！

停不下来了！
我就说降落比起飞还难嘛！

那我降落的时候速度……慢一点？
没有那么简单！你速度太慢的话，还没等到达甲板，你就会因为飞不动而掉入海中。

所以，舰载机的降落，既要能控制降落速度，还要能钩住阻拦索。
阻拦索？

你看，现在这架舰载机正放出尾钩，准备钩住航母上的阻拦索呢！只要能准确地钩住阻拦索，舰载机就有了一个外部刹车助力！
阻拦索
尾钩

这阻拦索也太低了吧？真的能钩上吗？
阻拦索离甲板通常不会超过一个拳头的高度，这是因为阻拦索太高的话，很容易导致舰载机被绊倒。
飞得有点累了，我也准备降落了，你要一起吗？
我要一起！

降落太难了，我要是哪里出了问题，你一定要救我！
放心吧！

哇，好厉害！这样拉都没断！
阻拦索不是一般的绳子，而是能拉住有一定降落速度的战机的绳子！全世界也没有几个工厂能造出来！
与弹射系统一样，阻拦系统在甲板上露出来的也仅仅是它的冰山一角，它的大部分都在甲板下面呢！

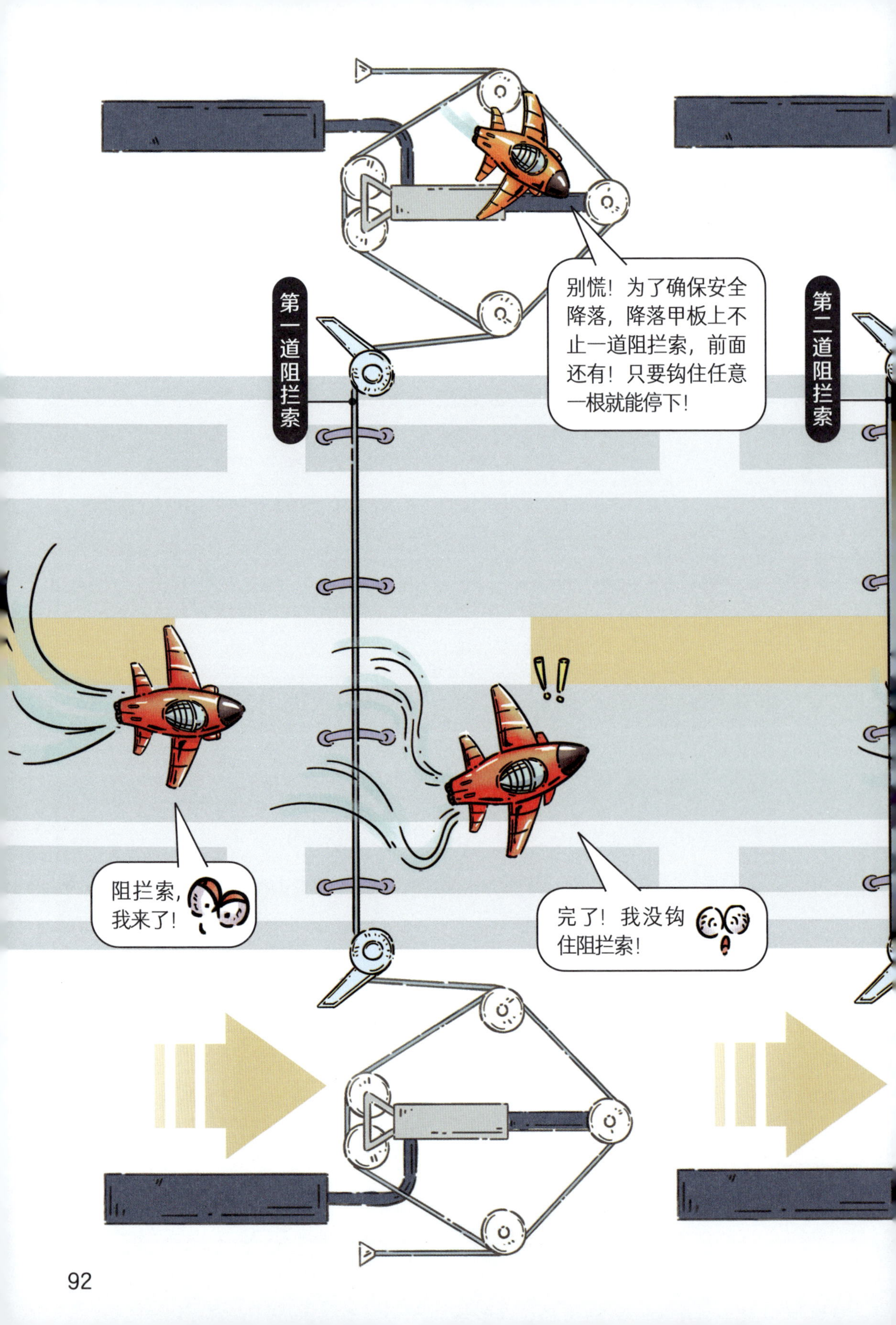
别慌！为了确保安全降落，降落甲板上不止一道阻拦索，前面还有！只要钩住任意一根就能停下！
第一道阻拦索
第二道阻拦索
阻拦索，我来了！
完了！我没钩住阻拦索！

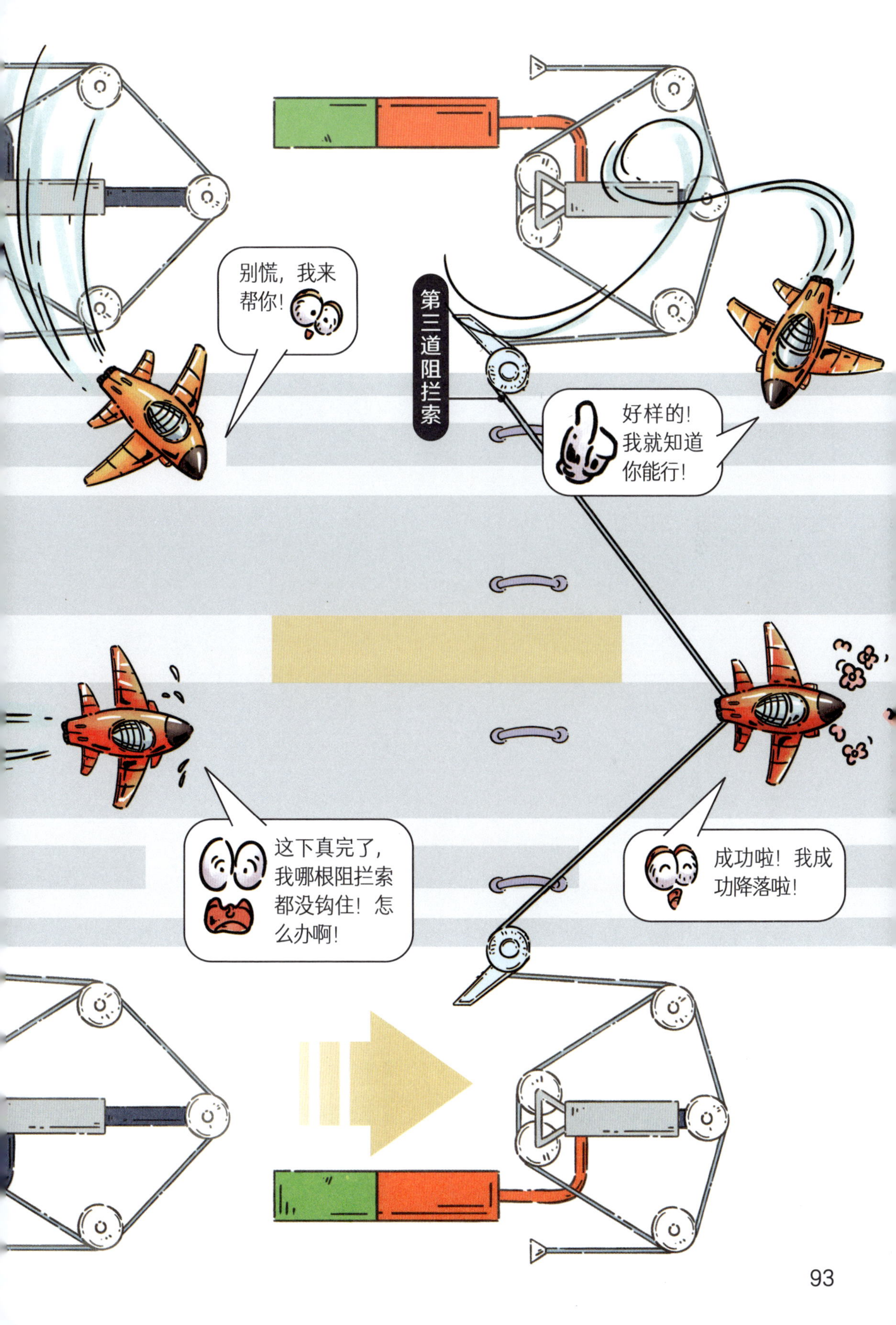
别慌，我来帮你！
第三道阻拦索
好样的！我就知道你能行！
这下真完了，我哪根阻拦索都没钩住！怎么办啊！
成功啦！我成功降落啦！

如果我最后都没钩住阻拦索怎么办?
那样就必须加速从甲板上再次起飞，然后重新降落了。
有什么强制降落的手段吗?
明确已知飞机无法复飞、不能通过阻拦索降落的话，就会启用阻拦网系统，但是阻拦网对飞机会有一定程度的破坏——不过总比落海强多啦!

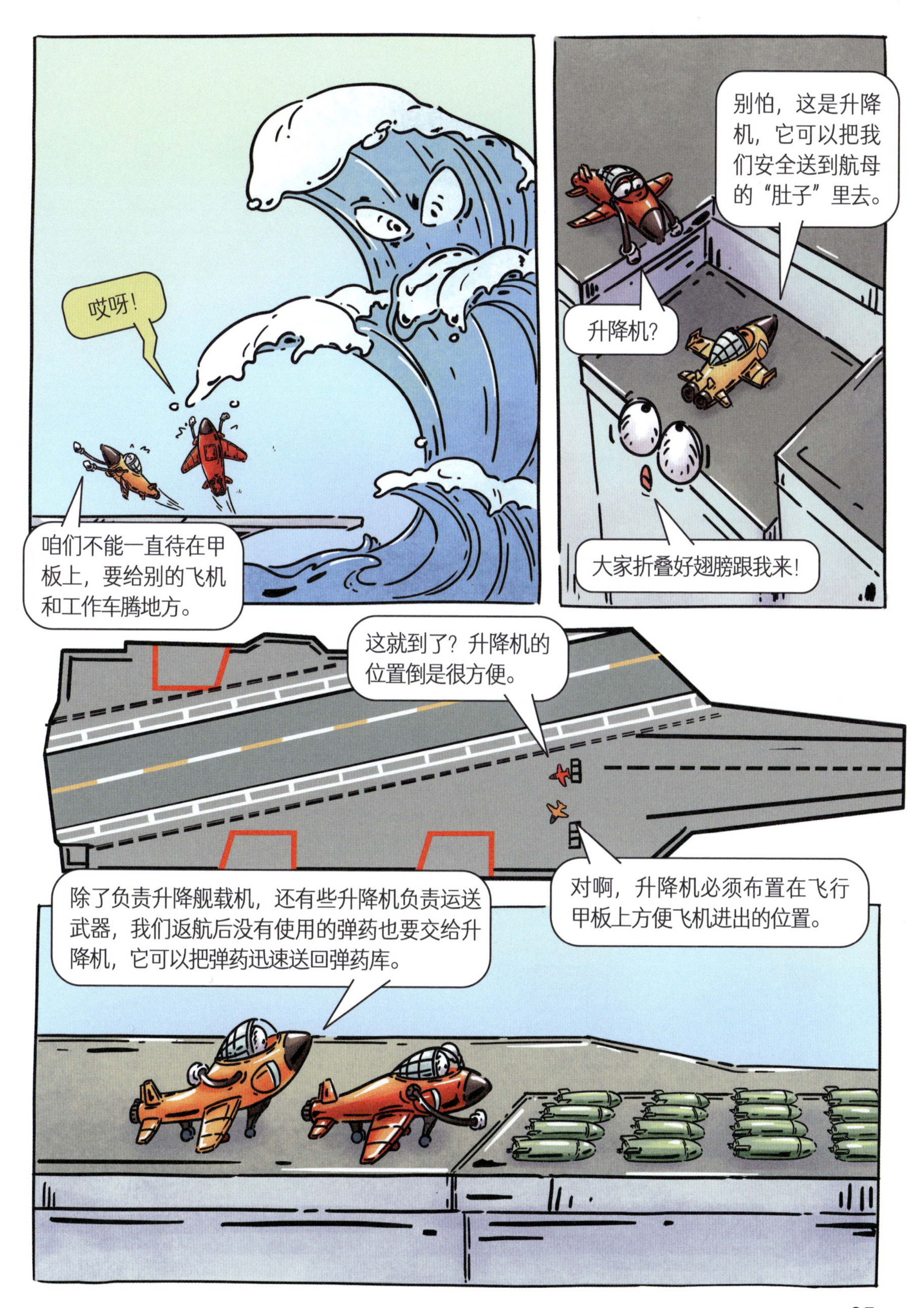
哎呀!
咱们不能一直待在甲板上，要给别的飞机和工作车腾地方。
别怕，这是升降机，它可以把我们安全送到航母的“肚子”里去。
升降机?
大家折叠好翅膀跟我来!
这就到了?升降机的位置倒是很方便。
对啊，升降机必须布置在飞行甲板上方便飞机进出的位置。
除了负责升降舰载机，还有些升降机负责运送武器，我们返航后没有使用的弹药也要交给升降机，它可以把弹药迅速送回弹药库。

巨型积木

哇，好复杂！
当然了！拥有各种各样功能的系统，其位置在建造航母的初期就开始规划了！

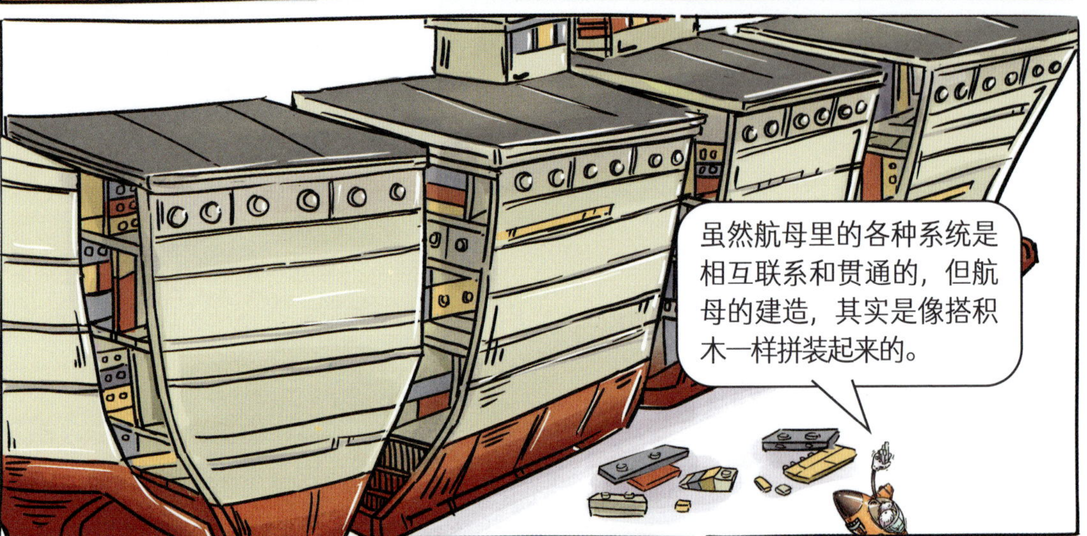

虽然航母里的各种系统是相互联系和贯通的，但航母的建造，其实是像搭积木一样拼装起来的。

分段的大块积木，又是由每一层部件搭起来的。

航母在船坞里
由于太过庞大，航母需要一个比它还大的建造场地——船坞。在这里,小块“积木”搭成大块“积木”，进而拼成完整的航母。

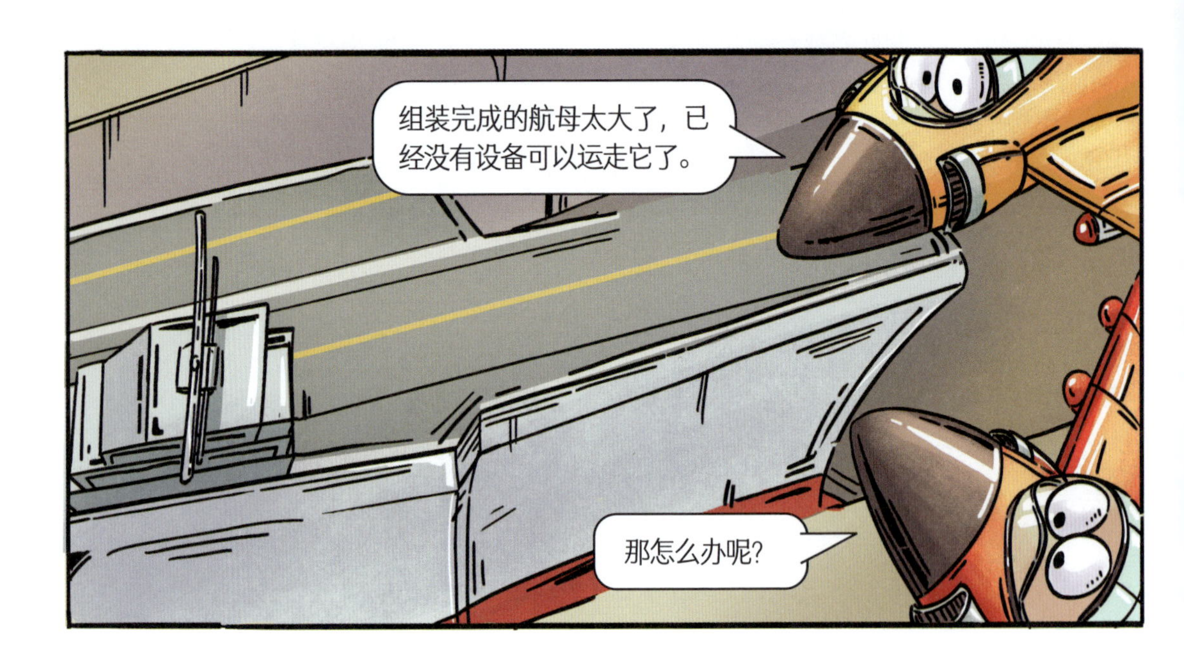
组装完成的航母太大了，已
经没有设备可以运走它了。
那怎么办呢?

开闸!
放水!

在建造前，船坞会提前预留好航道，水量足够之后，航母就能下海航行了。
这种通过向船坞灌水、让船只“航行”出船坞的方式，叫作漂浮式下水。有时会根据船坞的状况，增加一些拖船，在外进行辅助拖拽，帮助大型船只顺利入海。

新式航母

咦？这艘新航母……好像有点不一样？对了！起飞的甲板没有那么翘，也没有弹射的蒸汽了？！

你观察得挺仔细的！这艘航母的弹射和阻拦系统，用的可是最新式的“电磁力”，而不是蒸汽。

电磁力？

对，就像磁铁之间的吸力和斥力一样。这艘航母用的是正在试验的“电磁弹射”和“电磁拦阻”系统。

在电磁系统中，不再有巨大的储气罐，而是采用飞轮储能技术。这套只有原重量一半的电磁系统，让发射和阻拦都可以更加精准，还能减少对机体的损害！

我们要是用上这种推进系统，就像坐上了磁悬浮列车一样！

电磁弹射和电磁阻拦索需要的巨大电能，航母上无法一次性提供，需要有更好的电储能技术来实现。不过，包括储能技术在内的航母电磁系统，都还不能算是成熟技术，航母的电磁系统（包括电磁弹射和电磁阻拦），未来还有很大的进步空间。

关于新式航母的探索，还远不止于此。现在正在设计更大规模的“双体航母”呢！
哇！这艘大航母看着就稳，简直就是把一座岛开到海上去了！
新技术的发展，给航母带来了很多可能性。以后的航母将会远超想象……
也许以后的航母还可以潜水呢！

迄今为止，人类最大的飞行器是 Airlander 10 号飞艇，中文译名“天空登陆者”。但是其长度和航母相去甚远（“只”有 92 米长、44 米宽，而舱体更是“仅”有 46 米长、6 米宽）。

问　答

既然搭载飞机是航母的主要能力，那是不是所有搭载飞机的大型舰艇就是航母了呢？

并不是这样的。性能的差异会导致舰艇的用途有根本的区别。

就如同骑白马的不止王子，搭载飞机的也不止航空母舰。

其中最典型的误区，就是有小朋友会把只有一条甲板的“两栖攻击舰（两栖突击舰）”认作“航空母舰”。

两栖攻击舰也是排水量在万吨以上的大型战舰。

但是和搭载喷气式舰载机的航母不同，两栖攻击舰通常搭载武装直升机和无人机，少部分也会搭载战斗机；而同时搭载的，还有气垫船之类的登陆舰船。

两栖攻击舰也有简单的近程防空导弹和近防炮，但防空能力远不能和航母及驱逐舰相比。如果说航母是环游四海、纵横捭阖的要塞中枢，那么，两栖攻击舰就是针对登陆作战的超大型战舰。

由于气垫船可以搭载步兵、战车，甚至搭载轻型坦克，所以两栖攻击舰也主要出没在沿海地区，与登陆部队共同配合。

所以，航母并不能简单地总结成“搭载飞机的大型战舰”。

既然只有极少数国家拥有建造航母的能力，那么航母建造的难度到底在哪儿？

航空母舰和普通战舰的最大区别，就是其战斗力主要体现在舰载机的质量和数量上。

因此，对于航母而言，尽可能多地增加搭载舰载机的数量，有助于提升航母的现代化作战能力。也因此，航母很难建造，就是因为舰载机。

第二次世界大战时期的舰载机，通常只有一两吨重，最重的轰炸机也仅仅五吨上下，其飞行速度和现代高铁差不多。所以，第二次世界大战时期的航母和现代航母，可以说是完全不同的两种东西。

进入喷气时代后，舰载机卓越的性能是用众多材料堆积起来的。一架重约三十吨、极限速度能够达到几马赫的舰载机，其尾焰会对甲板造成严重的侵蚀，这就需要现代航母具备特种抗高温的甲板；要拦截几十吨重的飞机，航母的阻拦系统也要可重复安全使用；航母还要有安全存储大量燃料、弹药的机舱，以及存放飞机的机库。

而为了能够让舰载机顺利工作，维护舰载机的空间、工具、配件、人员……都需要随着舰载机的数量而增加。保障系统就如同古代战争中的粮草，兵马未动、粮草先行，舰载机未动，航母的载重也要跟上。

航母本身就是一个集合了电子对抗、统筹系统、指挥作战和一定战斗力的集成中枢，且航母本身的个头和重量，让航母在军事用途中既需要保证对速度的可控，又需要保障所有功能可靠、可用。因此，储能和发动机、发电机，都使航母成为一个不断叠加的复杂结构。建造航母的难度远超普通人的想象。

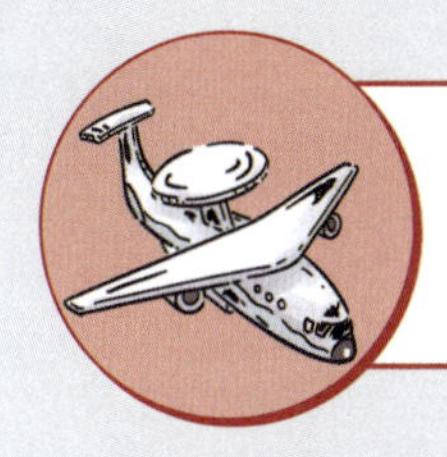

航母前端头部球鼻艏为什么是圆圆的，而不设计成更适合高速行进的尖尖的形状呢?

圆滚滚的“球鼻艏”在航行的时候是隐藏在水面以下，用来“乘风破浪”的结构。不止航母，所有中大型船体都会加装球鼻艏，用来减小船体所受的阻力。

和在陆地上行进不同，除了空气、水与船体产生的摩擦阻力，舰船在航行时会产生一组交错的波浪，这组波浪产生的特殊阻力，在流体力学上被称为兴波阻力。其中的横波基本垂直于船行进的方向，而散波则同这个方向斜向交汇，会消耗很多舰船前进的力量。

为了减小兴波阻力，舰船往往都采用球鼻艏设计。有资料显示，球形可以有效抑制10%~20%的兴波阻力。最新式的球鼻艏，甚至可以根据船不同的吃水深度，来调节球头的高低，从而实现更好的抑波效果。

此外，球鼻艏一般都是艏尖压载舱的一部分，对减小船舶的纵摇频率起到了很重要的作用。有的军舰球鼻艏貌似很大，但这个空间绝对不会浪费，因为里面安装了反潜探测系统，即平常所说的声呐。因为球鼻艏还能提供一定的保护作用，是一个理想的声呐安装位置，所以军舰的球鼻艏又叫声呐导流罩，是舰艇前方最重要的探测装置。

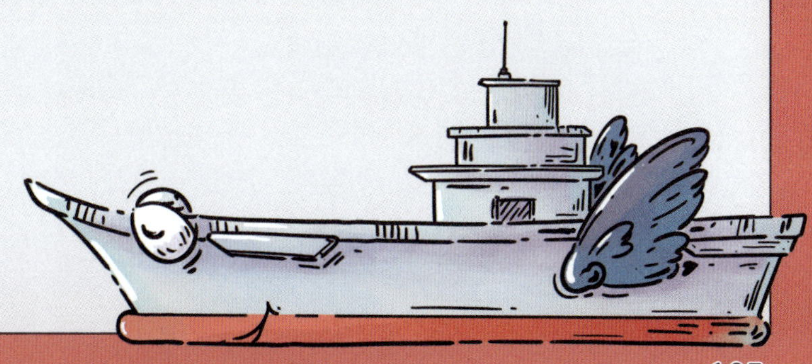

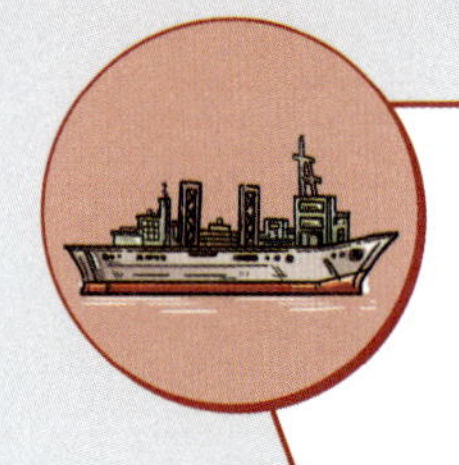

如果建造一个航母，就要占用一个船坞。那岂不是建造航母的几个月甚至几年，这个船坞都要被占用，什么都做不了吗？所有的船只都是这样建造的吗？

利用船体外部水位的升高把船舶就地浮起，利用自然的力量让船移入水域的下水方式，就是历史悠久的“漂浮下水法”。但是船坞的占地面积大，适合作为船坞的地方有限，长期占用肯定会产生巨大的成本。利用率低下是漂浮下水法的最大弊病。

所以，人类发明了一种叫作“浮船坞”（floating dock）的“工厂船”，简称浮坞。这是一种用于造船、修船的工程船舶，甚至还可以用于打捞沉船，运送深水船舶通过浅水的航道等。

浮船坞的样子有点怪，从正面看是一个“凹”型的大盒子。它能通过船体的注水与排水，调节甲板的高度。

用浮船坞下水的时候，浮船坞先排水，让甲板升到与船台齐平，接着把船挪到浮船坞里。用拖船拖着浮船坞，或者有动力的浮船坞自己行驶到合适的水面，然后浮船坞再注水、下沉，船就漂起来了。

当然，浮船坞毕竟尺寸有限，也很难有这么大的肚量装下万吨巨轮那种巨无霸。现代船厂用得最多的还是船台下水法，即船直接通过一条轨道从船台下到水里去，而且不一定是直着下去的，横向船台也很常见。

上万吨的大船侧着身子摔进水里，一时间水花四溅，看起来非常壮观。

小朋友们也不用为大船担心，通过计算、检查和设计，工程师们早就计算好这艘船的安全横倾角了。通过布置压舱物之类的手段，下水后的船摇摇晃晃几下就会被自动扶正。

小朋友们，有条件时一定要去看一次大船下水的盛况啊！

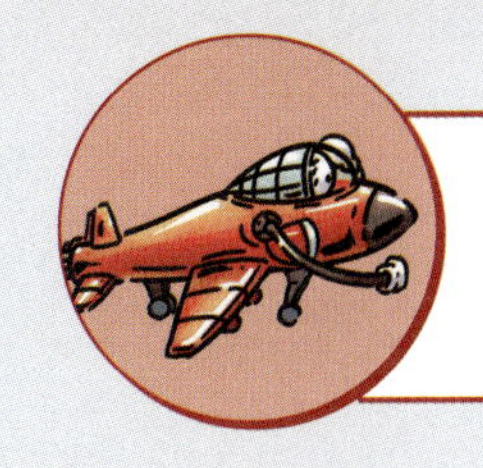

故事的最后，小朋友的想法实现了吗？人类真的能让舰艇飞上天吗？

其实，人类制造过可以“飞上天的艇”——“飞艇”，这是迄今为止人类制造出的最大的飞行器。

当然，与一般意义上的舰艇不同，飞艇更像一个“倒过来的气垫船”，也是“加强版的热气球”。

人类最初实践的飞行梦想，就是源自飞艇的前身——热气球。只要让整架飞行器比同等体积的空气轻，就可以获得“升力”，成为一个合格的航空器了。小朋友们玩的氢气球和孔明灯，也是按这个道理制作的。

而在热气球之后，人们不断地改进它的飞行技能，从而诞生了后来的飞艇。飞艇与热气球最大的区别，就是它的“气球”部分变成了更便于控制方向的流线型，而且拥有了强大的推进和控制飞行姿态的装置。

后世模样标准的飞艇，都由巨大的流线型艇体、位于艇体下面的吊舱、起稳定控制作用的尾面和一整套推进装置、飞行平衡装置组成。

不过受限于其本身的特性——“整架飞行器比同等体积的空气轻”，因此飞艇的载重量和它的个头相比十分有限，而且因为体形庞大，其飞行速度也让人着急。虽然相对于现代喷气式飞机来说，其节能性好，对环境的破坏也小，但在讲求效率的今天，飞艇逐渐被淘汰，已不再出现在天空中了。

我藏在鱼群里了，
你能找到我吗？
嗯……到底躲
在哪儿了？

嗖
唰！
找到你啦！
让你发现啦！哈哈，
你可真灵活。
因为我身体里有个大鱼
鳔（biào），能控制身体
上浮和下沉，非常灵活。
鱼鳔？
能控制身体上
浮和下沉？

像鱼一样

我懂了！鱼鳔就像鱼身体里的气球，鱼鳔一收缩排气，就能让鱼身下沉。
下沉
鱼鳔一充满气，就能让鱼身上浮。
上浮
这是不是和咱们潜艇上的压载水舱挺像的？
对对对，就是那个！
潜什么？压什么舱？

看，就是这个，潜艇！
我们说的压载水舱就是它的“鱼鳔”。
那这东西可以上浮是因为什么呢？

是因为密度。
油是一种比水密度小的液体。
而且也不溶于水。
水
油
密度小，就意味着同样的体积，油要比水轻。
水
油
因此，只要是密度比水小的物体，投入水中后都会在浮力作用下上浮。
你看，密度更小的油滴在水里是往上跑的。
哇！

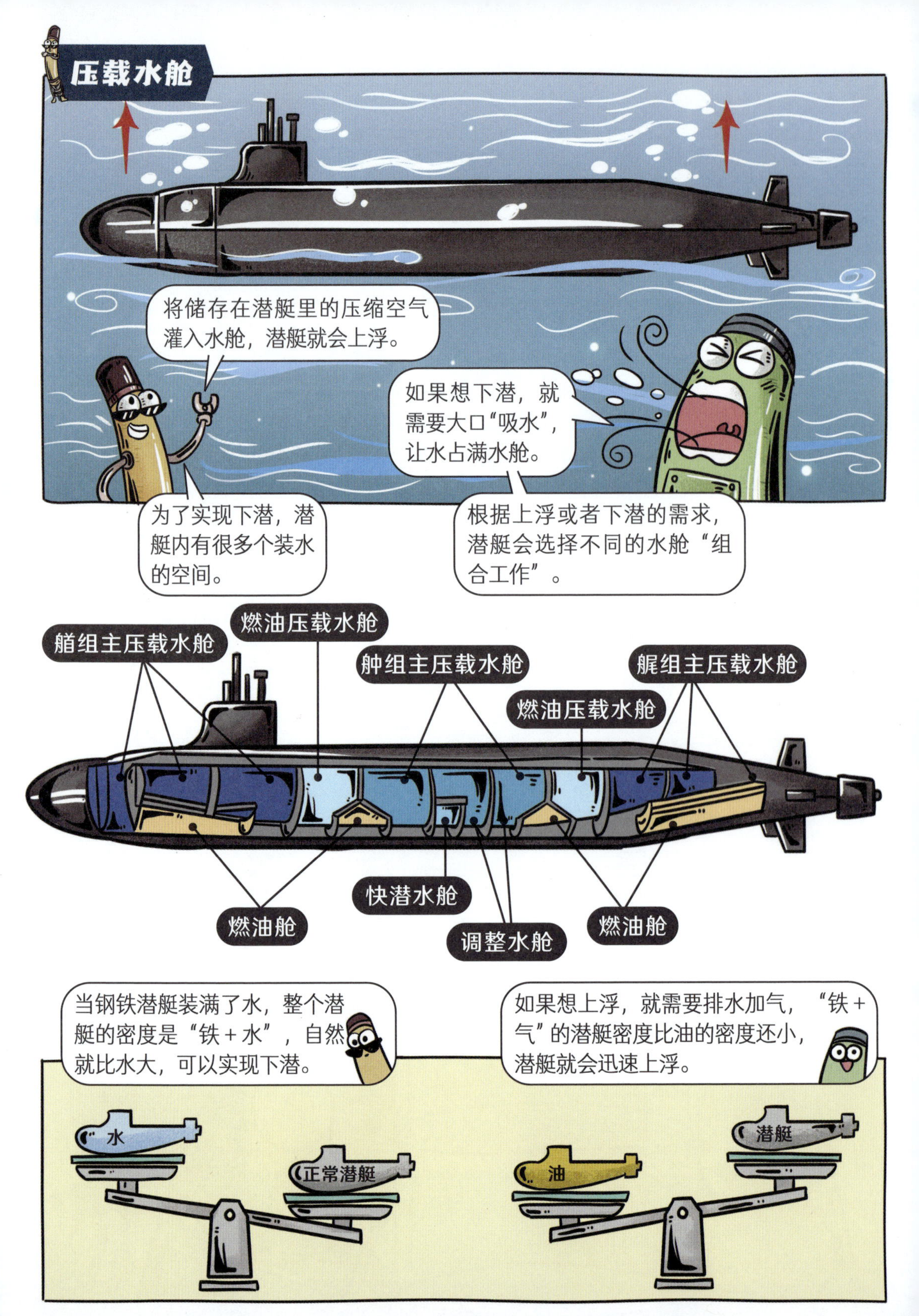
压载水舱
将储存在潜艇里的压缩空气灌入水舱，潜艇就会上浮。
如果想下潜，就需要大口“吸水”，让水占满水舱。
为了实现下潜，潜艇内有很多个装水的空间。
根据上浮或者下潜的需求，潜艇会选择不同的水舱“组合工作”。
艏组主压载水舱
燃油压载水舱
舯组主压载水舱
艉组主压载水舱
燃油压载水舱
燃油舱
快潜水舱
调整水舱
燃油舱
当钢铁潜艇装满了水，整个潜艇的密度是“铁＋水”，自然就比水大，可以实现下潜。
如果想上浮，就需要排水加气，“铁＋气”的潜艇密度比油的密度还小，潜艇就会迅速上浮。
水
正常潜艇
油
潜艇

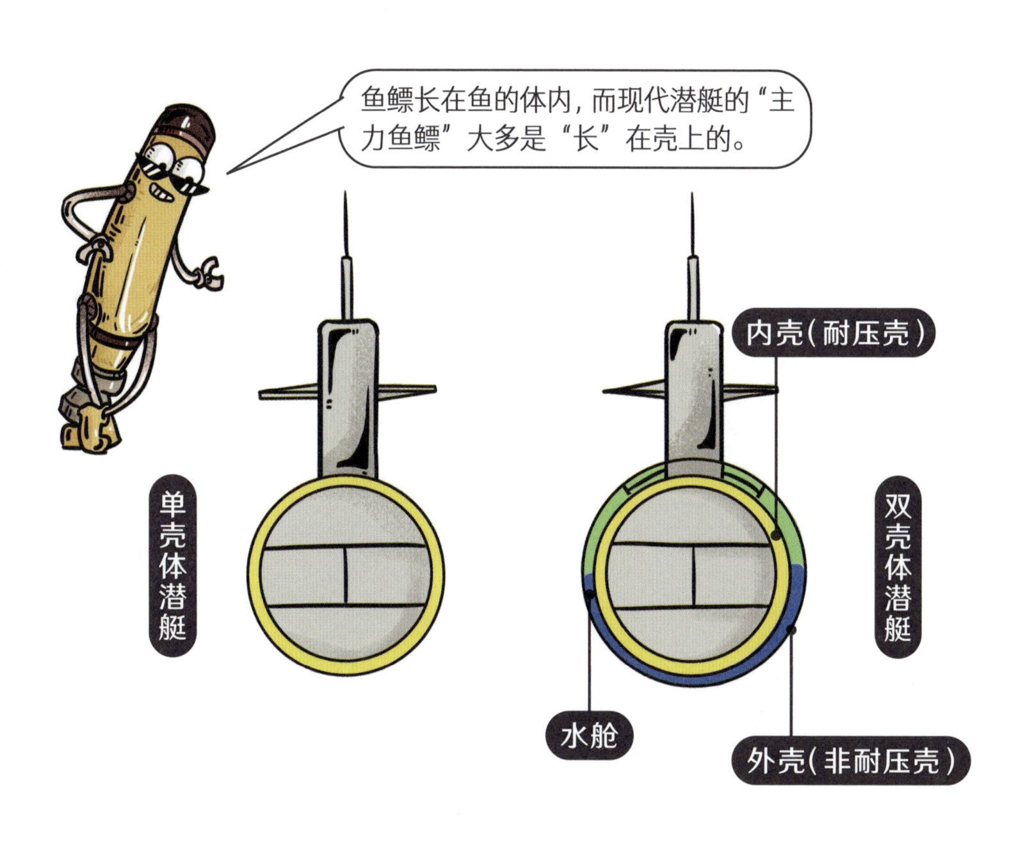
鱼鳔长在鱼的体内，而现代潜艇的“主力鱼鳔”大多是“长”在壳上的。
单壳体潜艇
内壳（耐压壳）
双壳体潜艇
水舱
外壳（非耐压壳）

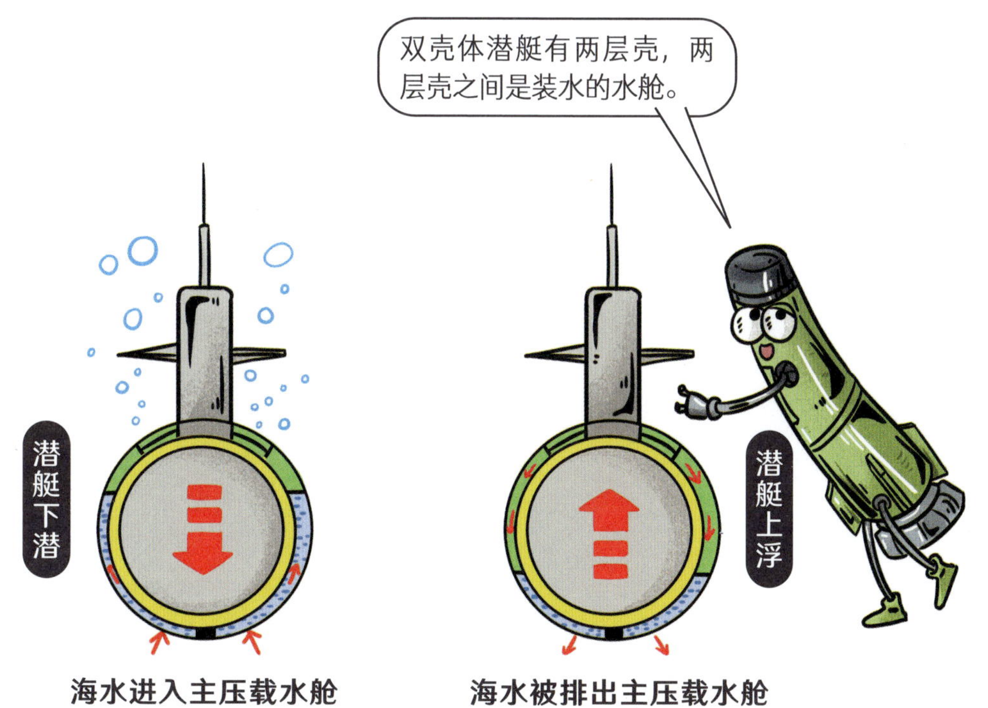
双壳体潜艇有两层壳，两层壳之间是装水的水舱。
潜艇下潜
潜艇上浮
海水进入主压载水舱
海水被排出主压载水舱

水压与保护壳

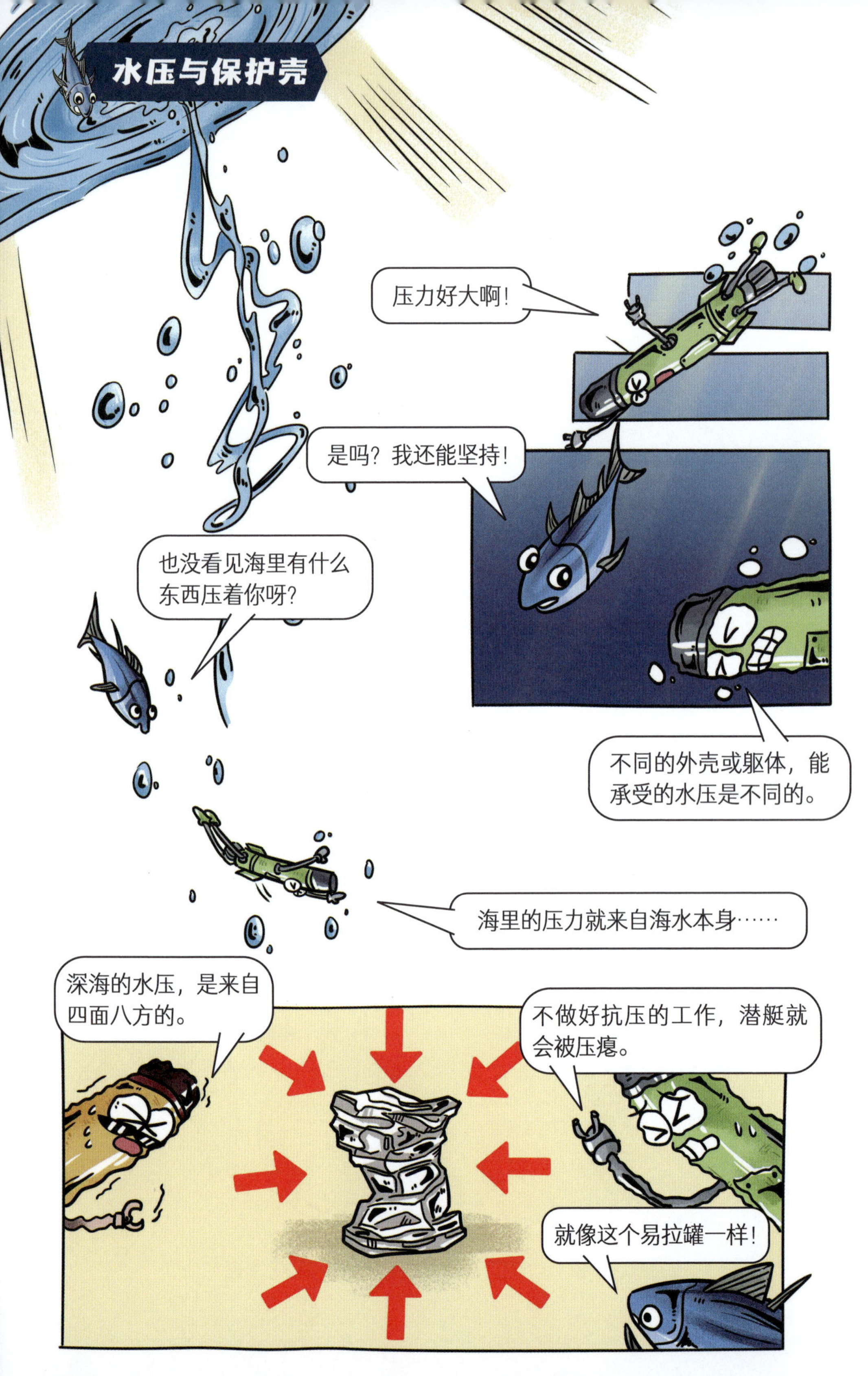

压力好大啊！
是吗？我还能坚持！
也没看见海里有什么东西压着你呀？
不同的外壳或躯体，能承受的水压是不同的。
海里的压力就来自海水本身……
深海的水压，是来自四面八方的。
不做好抗压的工作，潜艇就会被压瘪。
就像这个易拉罐一样！

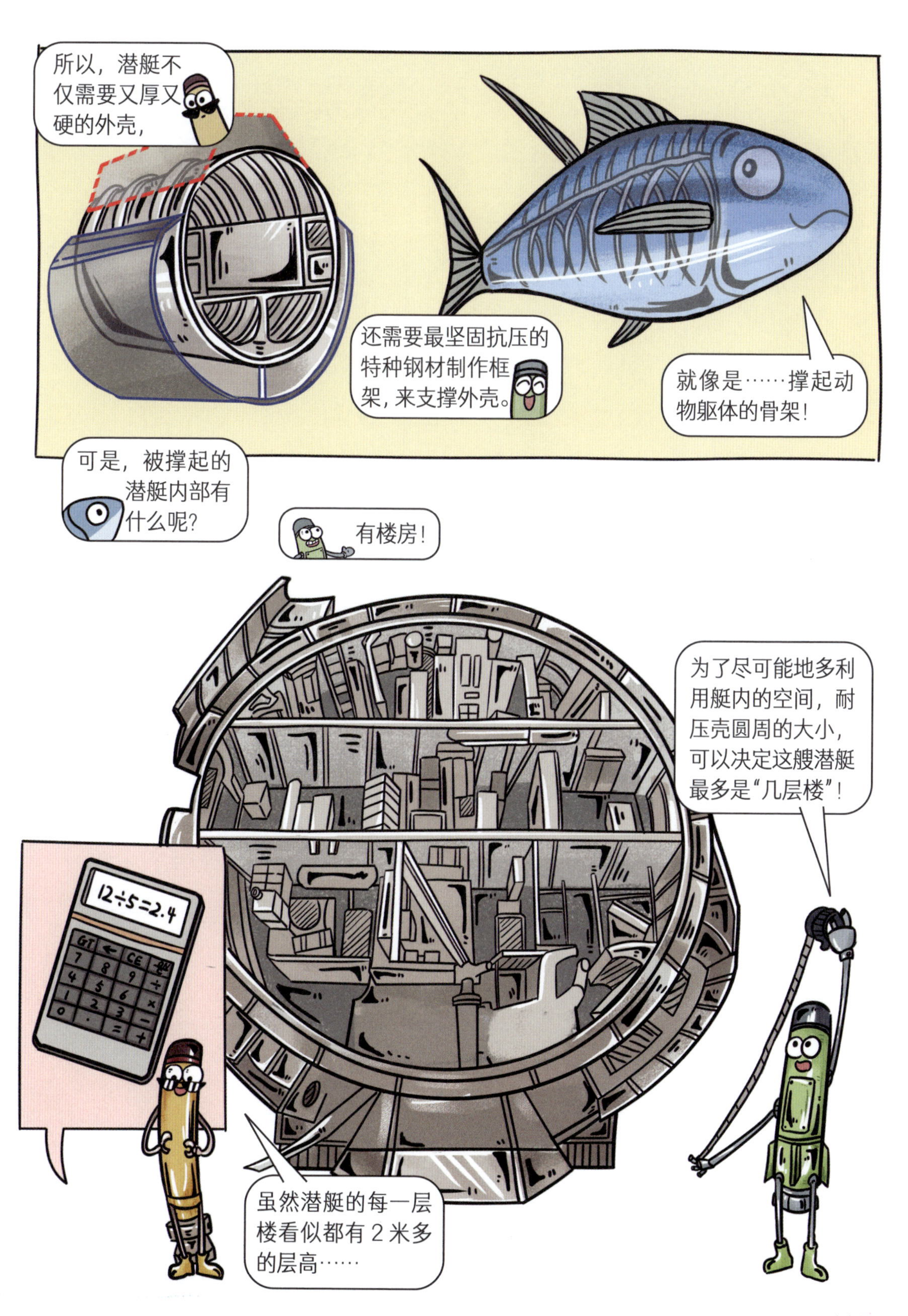
所以，潜艇不仅需要又厚又硬的外壳，
还需要最坚固抗压的特种钢材制作框架，来支撑外壳。
就像是……撑起动物躯体的骨架！
可是，被撑起的潜艇内部有什么呢？
有楼房！
为了尽可能地多利用艇内的空间，耐压壳圆周的大小，可以决定这艘潜艇最多是“几层楼”！
12÷5=2.4
虽然潜艇的每一层楼看似都有2米多的层高……

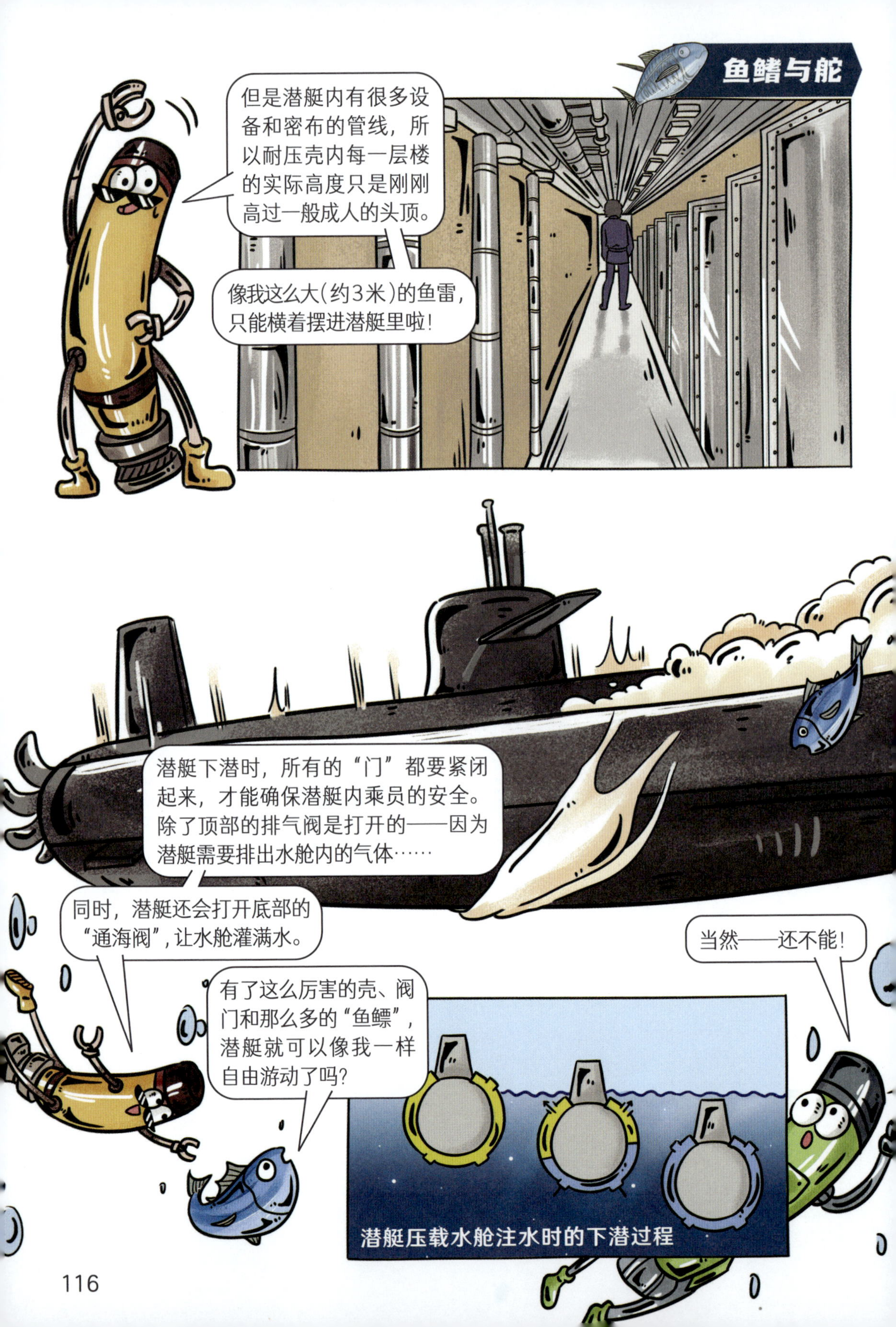
但是潜艇内有很多设备和密布的管线，所以耐压壳内每一层楼的实际高度只是刚刚高过一般成人的头顶。
像我这么大(约3米)的鱼雷，只能横着摆进潜艇里啦！
潜艇下潜时，所有的“门”都要紧闭起来，才能确保潜艇内乘员的安全。除了顶部的排气阀是打开的——因为潜艇需要排出水舱内的气体……
同时，潜艇还会打开底部的“通海阀”，让水舱灌满水。
有了这么厉害的壳、阀门和那么多的“鱼鳔”，潜艇就可以像我一样自由游动了吗？
当然——还不能！
潜艇压载水舱注水时的下潜过程

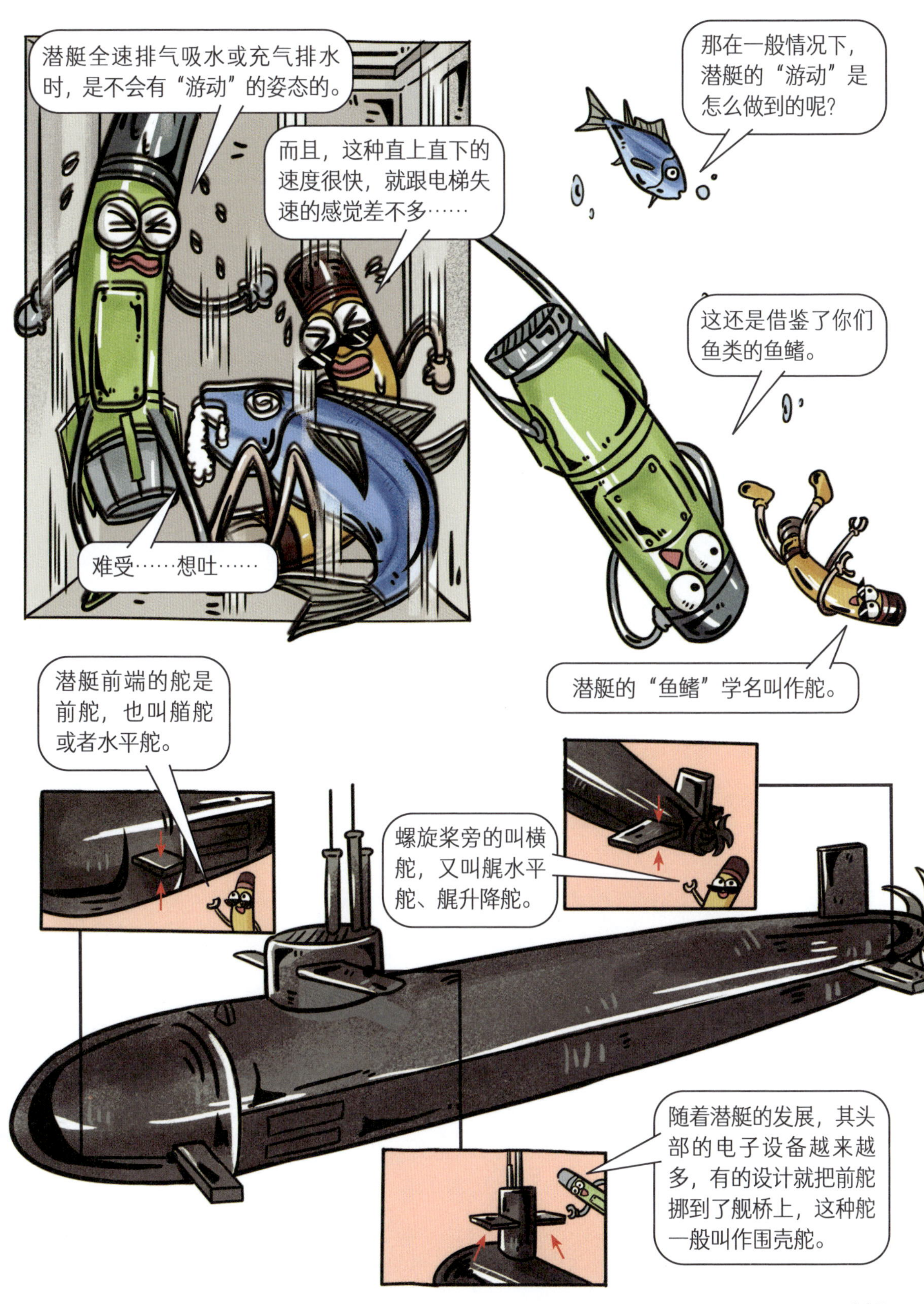
潜艇全速排气吸水或充气排水时，是不会有“游动”的姿态的。
而且，这种直上直下的速度很快，就跟电梯失速的感觉差不多……
难受……想吐……
那在一般情况下，潜艇的“游动”是怎么做到的呢？
这还是借鉴了你们鱼类的鱼鳍。
潜艇的“鱼鳍”学名叫作舵。
潜艇前端的舵是前舵，也叫艏舵或者水平舵。
螺旋桨旁的叫横舵，又叫艉水平舵、艉升降舵。
随着潜艇的发展，其头部的电子设备越来越多，有的设计就把前舵挪到了舰桥上，这种舵一般叫作围壳舵。

200 米

持续下潜，和我们一样是“斜着扎进来”的！

潜到两百米以下，就没有任何可见光了。
可见光就是人眼可以看见的光！
下潜到需要的深度，舵就会恢复水平。潜艇的这种前进方式叫作水平潜航。
在深海潜航，潜艇只能用“耳朵”代替“眼睛”。

声音是靠空气或其他物体的振动实现传播的，振动产生的波碰到物体后会被反弹或发散，就像这个“啊”字。
啊
啊
啊

啊
啊
啊
啊
啊
我被发现了!
蝙蝠根据传回的声波，来判断物体的位置和距离，潜艇上的声呐就利用了这个原理。

现代潜艇的声呐，被安装在潜艇的两侧和头部。
那……声呐的工作方式是什么样的呢?
用仪器模拟蝙蝠,就需要水下的“振动波”和仪器能够处理的信号进行相互“转换”。
当我们接收到水中传回来的波形振动时，需要处理成计算机可以识别的东西。
换能器
这种将“振动能量”转换为“电信号能量”的仪器，叫作换能器。
而是按照一定的间距，组成各种形状的“换能器阵”。
水声换能器从来不“单打独斗”。
换能器阵

声呐

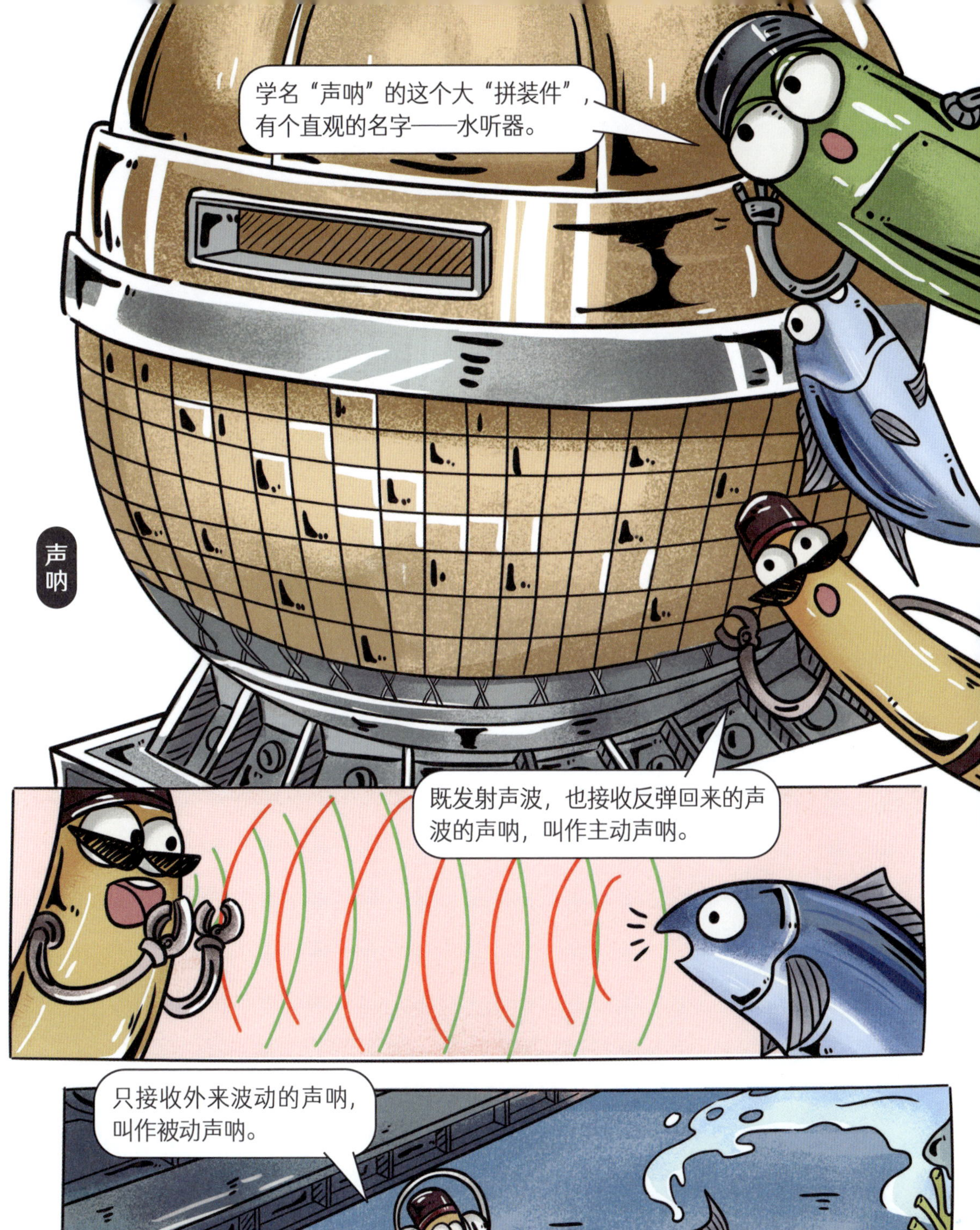

学名"声呐"的这个大"拼装件"，有个直观的名字——水听器。
既发射声波，也接收反弹回来的声波的声呐，叫作主动声呐。
只接收外来波动的声呐，叫作被动声呐。

安静的“攻守”

潜艇最大的战术作用是隐藏自己……

然后突然袭击!
好险!

在水下，光线和电磁探测都完全无效，水就是潜艇最有利的保护罩。
潜艇可以悄悄潜伏过去……

不好！对方也有声呐！
怎么了？
是主动声呐发出的声波被对方给捕捉到了！
声波
关闭发射阵！快逃！
不行，潜艇本身发出的声音太大！
那可怎么办？！

贴消声瓦！

快完成了！
静悄悄地路过——

你们手里这个奇怪的贴片是什么东西啊?
这个可是潜艇保持神秘的最大武器——消声瓦，用来消除潜艇行进过程中产生的噪声。
好累……
消声瓦，是用合成橡胶材料制造的。
上面大小不一的洞是用来制造气泡的!

在水下，气泡很容易吸收声波的振动，并因此变形或振动。原本只使水振动的声波，碰到气泡就会压缩气泡内的气体。
声波压缩所有碰到的气泡内的气体，而每个气泡分解一点点能量，最终就会把声波振动的能量彻底分散掉。

在水里，尤其是深海，气泡往往只有几毫米大小。
所以，消声瓦也不用很厚，只要几毫米厚就够用了。
轻薄的消声瓦还能避免从潜艇上脱落。
潜艇本身并不是黑色的，我们平时看到的其实是消声瓦的颜色。
但是只靠消声瓦是不够的，我们在潜艇里的每一个动作，也都要静悄悄的……

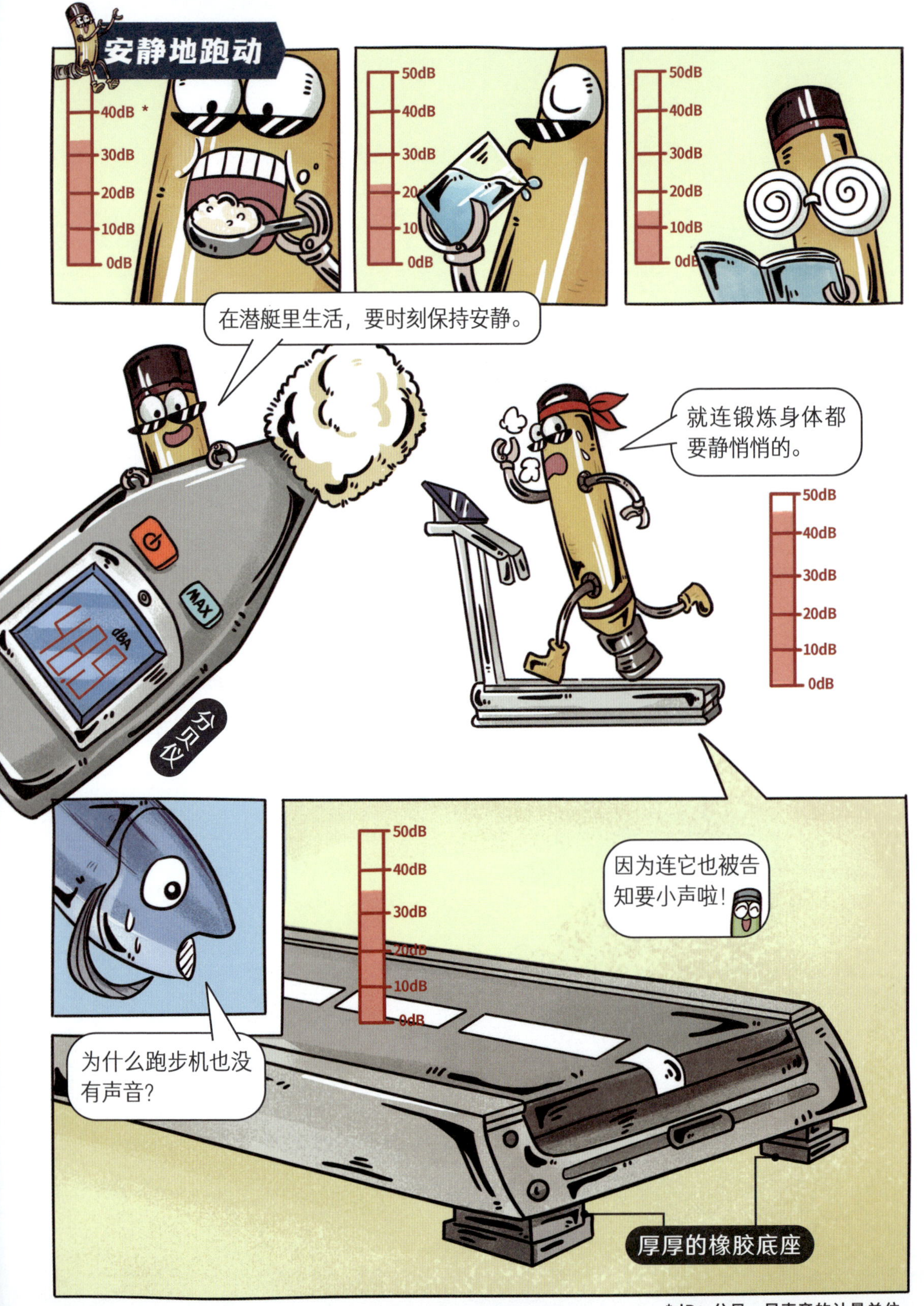

*dB：分贝，是声音的计量单位。

又是捉迷藏又是参观潜艇的，我好累啊！你怎么还这么有精神？还有这个大潜艇，一直在前进，不需要休息吗？
这你就有所不知了……
潜艇前进不靠肌肉，靠的是巨大的螺旋桨！

这个大螺旋桨怎么转得这么快?
?
当然是靠发动机啦!
据我所知，发动机得先燃烧燃料才能产生动力……
而燃烧燃料需要氧气……
可这深海里的氧气都在水里面，你们怎么提取这些氧气给发动机用呢?
我们会先把能量储存起来。

当潜艇在港口停泊，或是在浅海行驶时，会用呼吸管尽可能多地“吸气”。
哇，电池亮起来了！
此时，潜艇就会开始为电池蓄能。空气燃烧的能量就会以电能的形式存储起来。
这种时候，用电来驱动螺旋桨就可以了。
但是化学家们还有获得电能的更好办法——用电把水提前分解。
这么厉害！

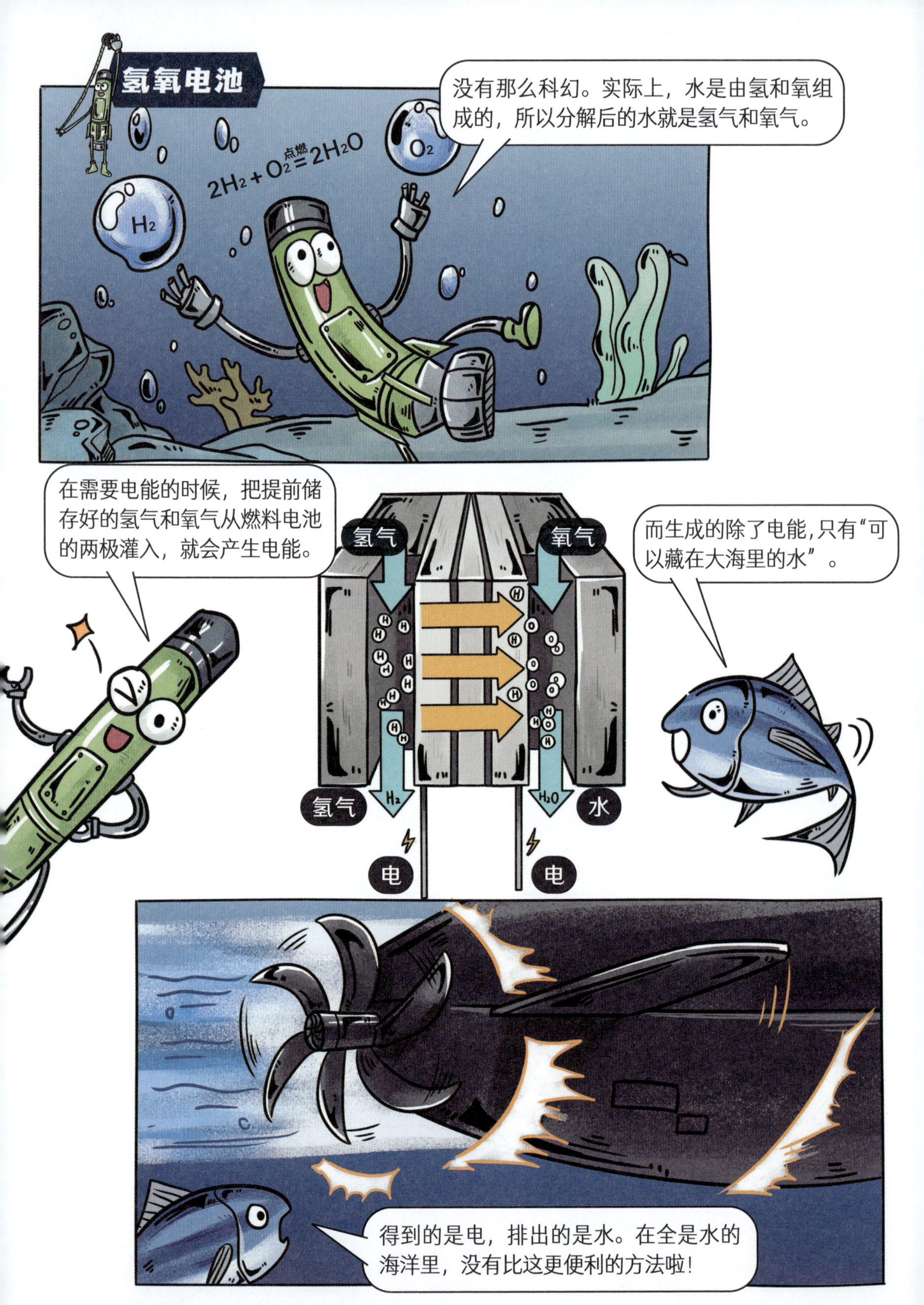

氢氧电池
没有那么科幻。实际上，水是由氢和氧组成的，所以分解后的水就是氢气和氧气。
$2H_2+O_2\overset{点燃}{=}2H_2O$
H_2
O_2
在需要电能的时候，把提前储存好的氢气和氧气从燃料电池的两极灌入，就会产生电能。
氢气
氧气
而生成的除了电能，只有“可以藏在大海里的水”。
氢气
H_2
H_2O
水
电
电
得到的是电，排出的是水。在全是水的海洋里，没有比这更便利的方法啦！

是核潜艇!
什么是核潜艇?
核潜艇指的是用核能做动力的潜艇。
而核能，是人类截至目前所能掌握的最强能源!
核能是什么?

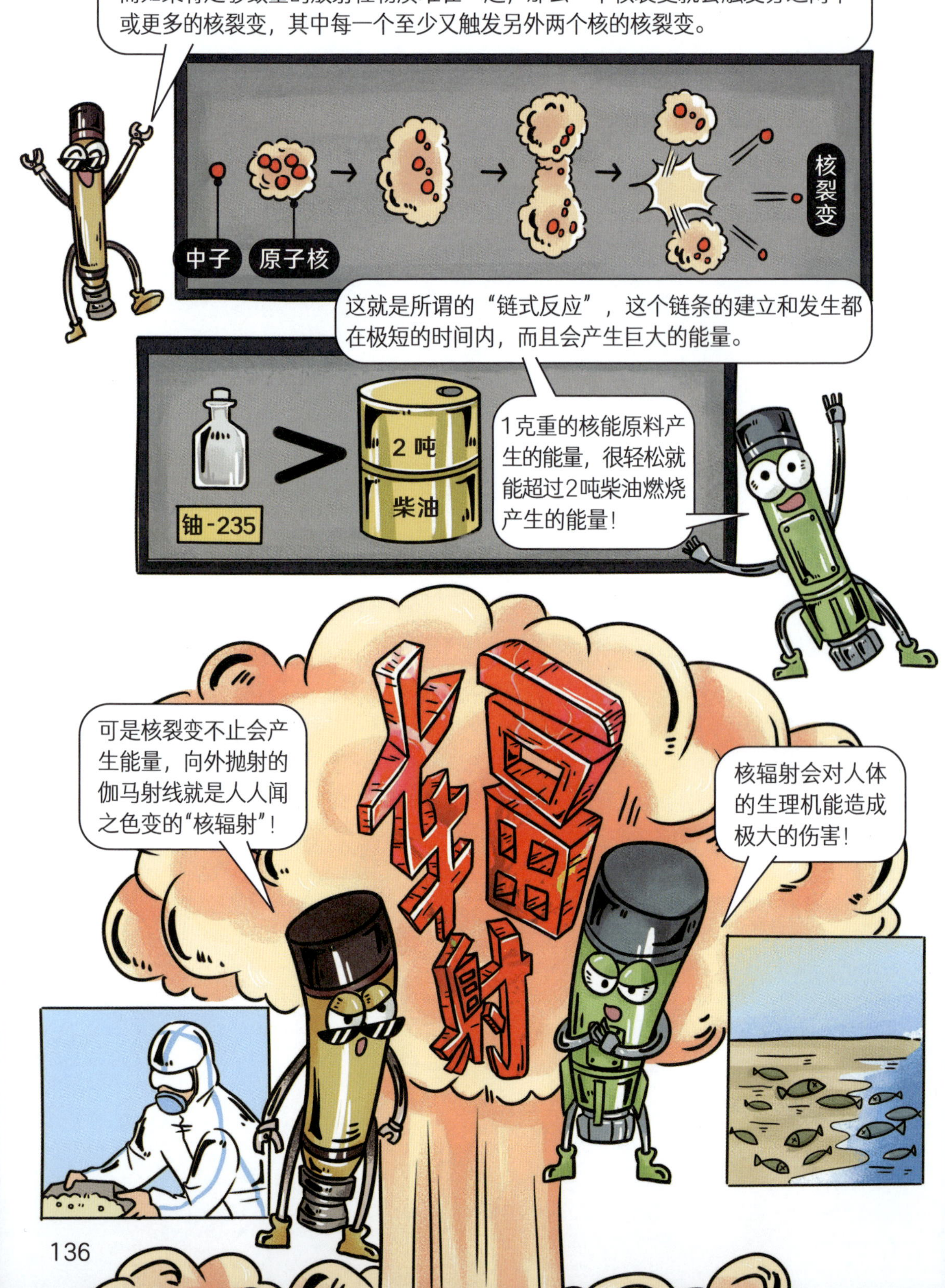
当一个中子撞上大质量的原子核，被撞的原子核就会分裂成两个新的原子核，而如果将足够数量的放射性物质堆在一起，那么一个核裂变就会触发旁边两个或更多的核裂变，其中每一个至少又触发另外两个核的核裂变。
中子
原子核
核裂变
这就是所谓的“链式反应”，这个链条的建立和发生都在极短的时间内，而且会产生巨大的能量。
铀-235
2吨
柴油
1克重的核能原料产生的能量，很轻松就能超过2吨柴油燃烧产生的能量！
辐射
可是核裂变不止会产生能量，向外抛射的伽马射线就是人人闻之色变的“核辐射”！
核辐射会对人体的生理机能造成极大的伤害！

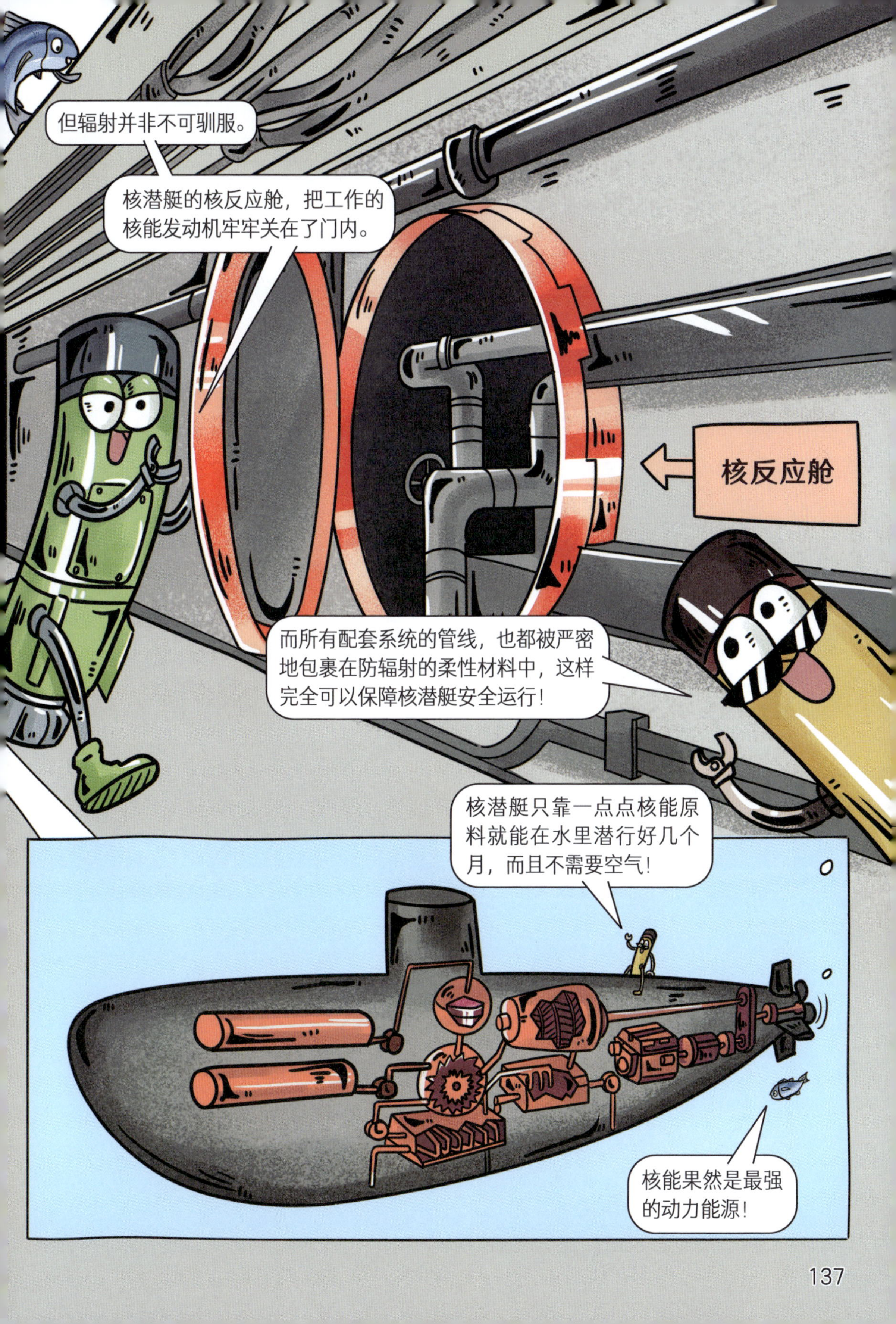
但辐射并非不可驯服。
核潜艇的核反应舱，把工作的核能发动机牢牢关在了门内。
核反应舱
而所有配套系统的管线，也都被严密地包裹在防辐射的柔性材料中，这样完全可以保障核潜艇安全运行！
核潜艇只靠一点点核能原料就能在水里潜行好几个月，而且不需要空气！
核能果然是最强的动力能源！

酷炫的核能介绍完了，现在有请我的老朋友……
???
陀螺仪！
都是老朋友了，不用这么隆重。
陀螺仪是谁？你们认识吗？
陀螺仪和我们是老熟人了，它在潜艇里有大用途！

深海里没有光线和信号，我们只能依靠声呐探测四周，可是声呐只能探测别人，不能探测自己，完全不能帮我们搞清楚自己的位置。

这就意味着，我们随时都可能迷路。

别担心，有我呢!
一出航我就开始高速旋转，通过简单的计算让潜艇时刻掌握自己的位置。
潜艇长期潜航后会短暂地露出水面，与太空中的卫星联络，纠正定位的误差，这样就万无一失啦!
除了在潜艇上发光发热，我的重头戏是在导弹里哦!

水下发射
潜艇也可以发射导弹！
相比在地面和海面发射导弹，潜艇的发射更加隐蔽、更加难以预测。

左边是在空气中发射的导弹，右边是在水下发射的潜射导弹。
水的密度超过空气约 800 倍。
水

在克服水的阻力的过程中，尖头的形状会碰到很多问题……

实际轨迹
原定轨迹
快回来！

尖头导弹在水下的高速推进过程太容易受影响了。

而这种圆滚滚、甚至有点钝的头部，才是最适合水下行进的形状。

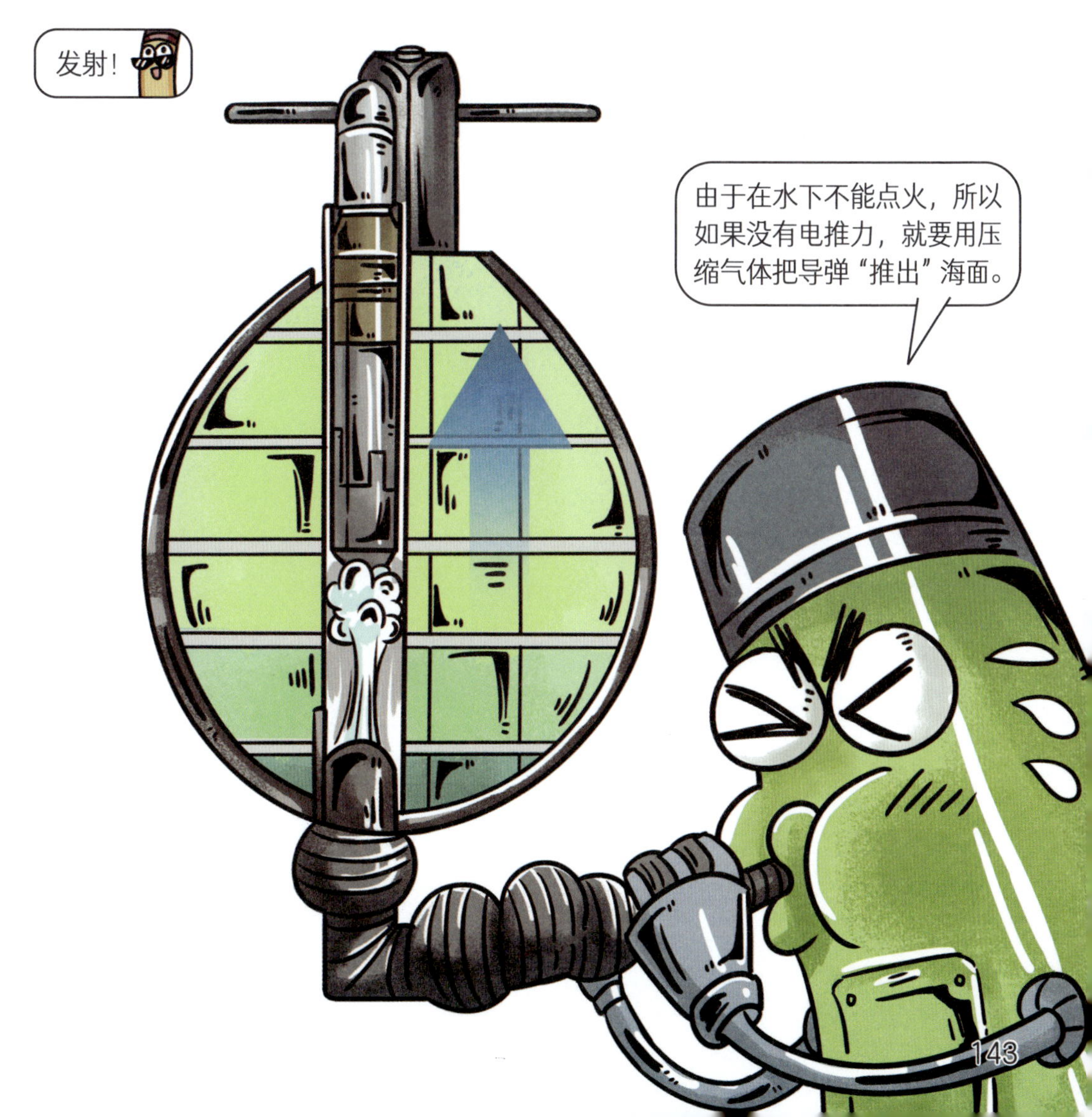
发射！
由于在水下不能点火，所以如果没有电推力，就要用压缩气体把导弹“推出”海面。

到了海面之上，就和普通的导弹一样点燃燃料、驱动发动机。
这是什么？！
发射到空气中之后，潜射导弹的“水下动作”就做完了。
这时需要调整成更适合在空气中前进的形状。
没错，空中飞行时需要尖头形状来减小空气阻力。

都是从潜艇里发射出来的，
那……你们是谁?
我们是鱼雷!
和导弹一样，我们也是
潜艇的重要武器。
而所有的海上装
备，都是我们伏
击的目标。

鱼雷家族
飞机发射的水下炸弹是航空鱼雷。
战舰发射的水下炸弹是舰载鱼雷。
潜艇发射的水下炸弹是潜射鱼雷。

导弹里有陀螺仪制导定位目标，可鱼雷怎么制导呢？
最直接的方式是通过一根连接索“操纵”鱼雷追击和命中目标。捕捉工作由潜艇的声呐来做，而有线制导负责传输结果给鱼雷！
有线制导，让我可以全身心地投入到加强推力和增加速度上，真好用！
不过有线制导的鱼雷，它的攻击范围受制于连接索的长度，受限有些严重啊……

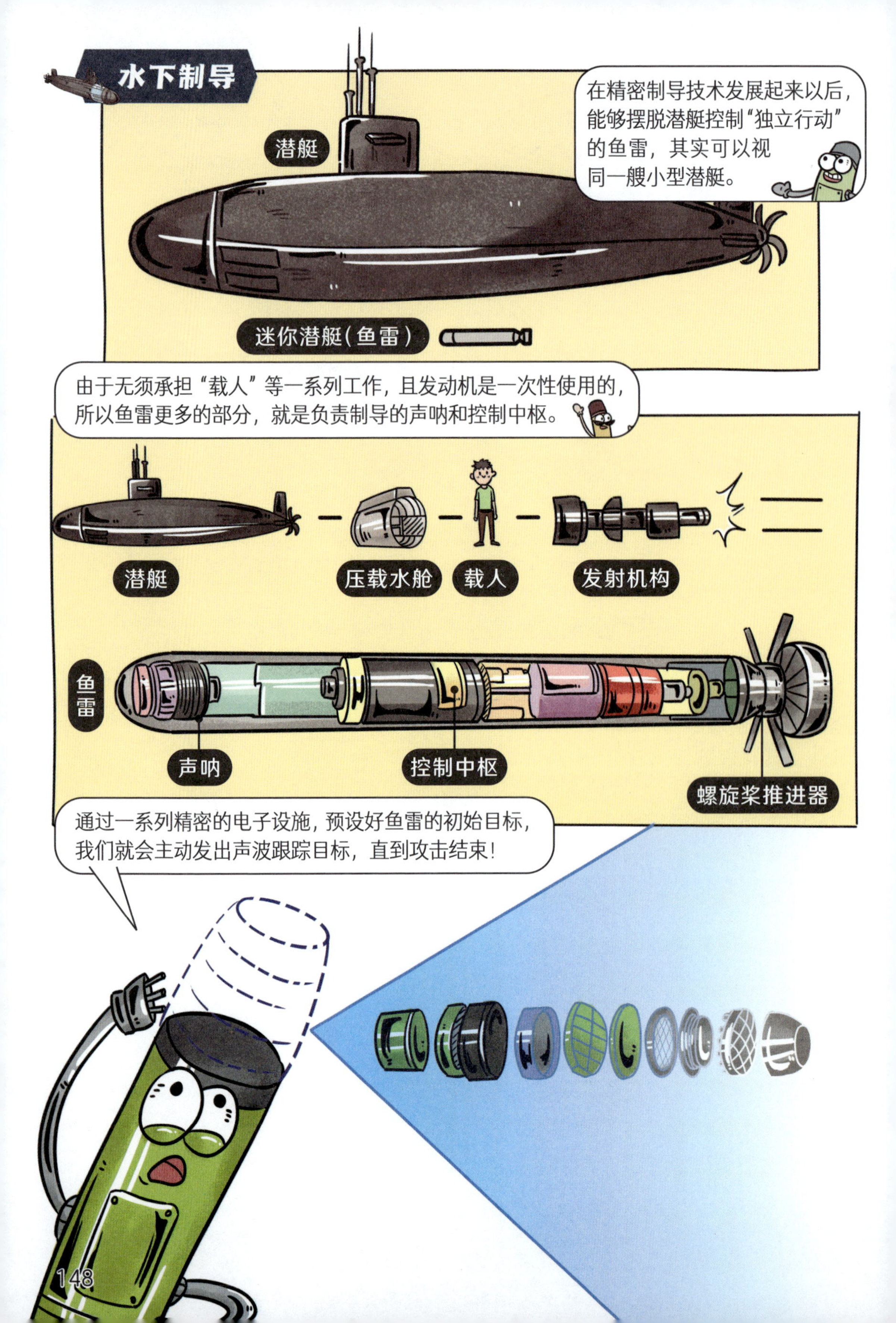
水下制导
在精密制导技术发展起来以后，能够摆脱潜艇控制“独立行动”的鱼雷，其实可以视同一艘小型潜艇。
潜艇
迷你潜艇(鱼雷)
由于无须承担“载人”等一系列工作，且发动机是一次性使用的，所以鱼雷更多的部分，就是负责制导的声呐和控制中枢。
潜艇
压载水舱
载人
发射机构
鱼雷
声呐
控制中枢
螺旋桨推进器
通过一系列精密的电子设施，预设好鱼雷的初始目标，我们就会主动发出声波跟踪目标，直到攻击结束！

主动式制导鱼雷虽然在深海很厉害，但是在浅海容易被海面的复杂情况干扰。
是啊，海面的波纹看起来很混乱。
用主动式制导鱼雷攻击水面的舰艇太不容易了。
看来还是得我来！
如果要攻击水面附近的目标，声呐的最佳状态就是只接收和探测信号，自己不发射信号。
这种叫作被动式制导鱼雷。
听！有声音！
舰艇的螺旋桨高速旋转时，会留下一道含有大量气泡的水流航迹。

尾流制导
舰艇留下的这个痕迹叫作尾流，其海水的密度、反射效果……甚至电导率和磁场，都与自然的海水有巨大差异！
尾流
可是……尾流不是有两个方向吗？都可能是舰艇的所在位置吧？

你说得对，尾流痕迹并不利于判断舰艇航行的方向，单纯循着一个方向找，只有50% 的概率能找到舰艇。
我有方法可以追踪目标！

我可以多次进入这些气泡痕迹，判断气泡的强弱变化。
气泡变强，我就继续追踪。
气泡变弱，我就掉头换方向。
气泡变强了！看来这个方向是对的！继续前进！
通过对气泡痕迹的判断和跟踪……
等……等我……

最后一举命中目标！
哎呀！你暗算我！

空气中的鱼雷

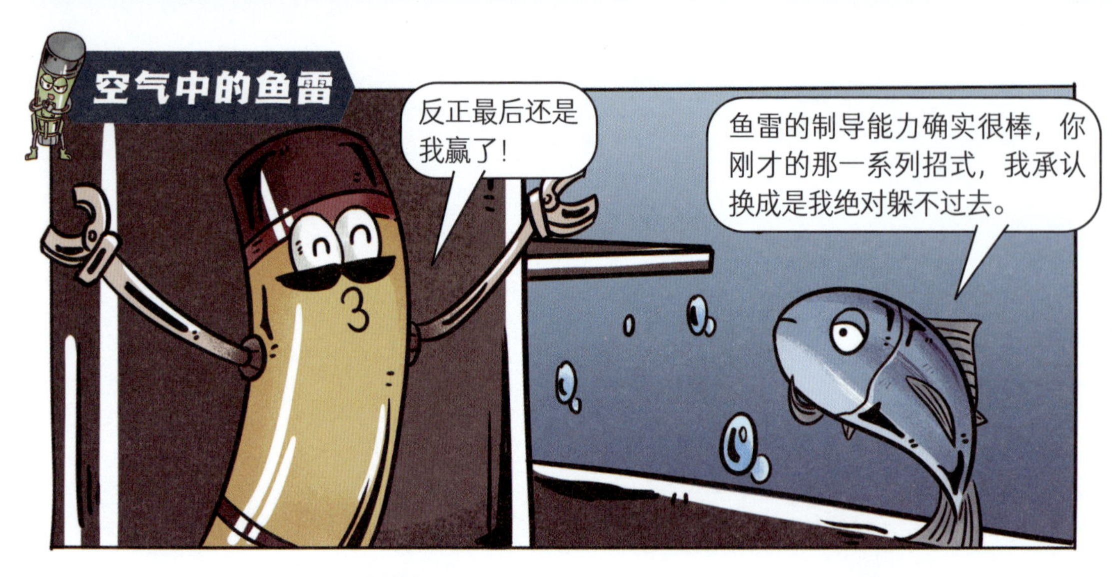

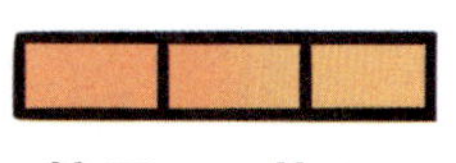

航母 30 节 *

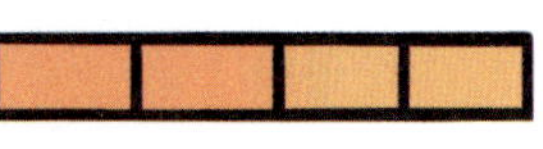

潜艇 40 节

鱼雷 60 千米 / 时

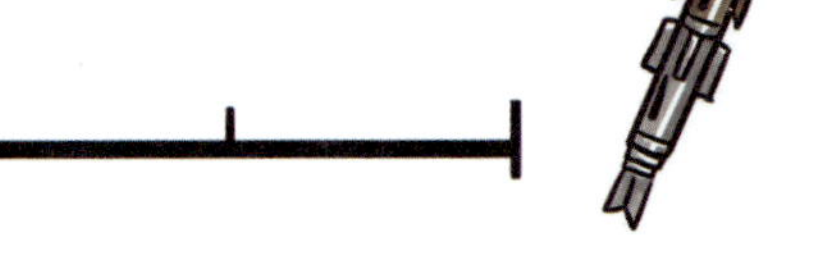

导弹 6000 千米 / 时

* 节：船只的速度单位，1 节 =1.852 千米 / 时。

我们鱼雷在海中前行的最大问题，就是海水的密度远大于空气，所以无论产生多大的推力，速度都很明显有上限。
水里也可以有空气！
想提高速度，我就需要换一下介质！
当我们鱼雷把自己包裹在“气泡”中以后，鱼雷前行的阻力就只有原来的几百分之一了，相当于在空气中前行，因此速度特别快。

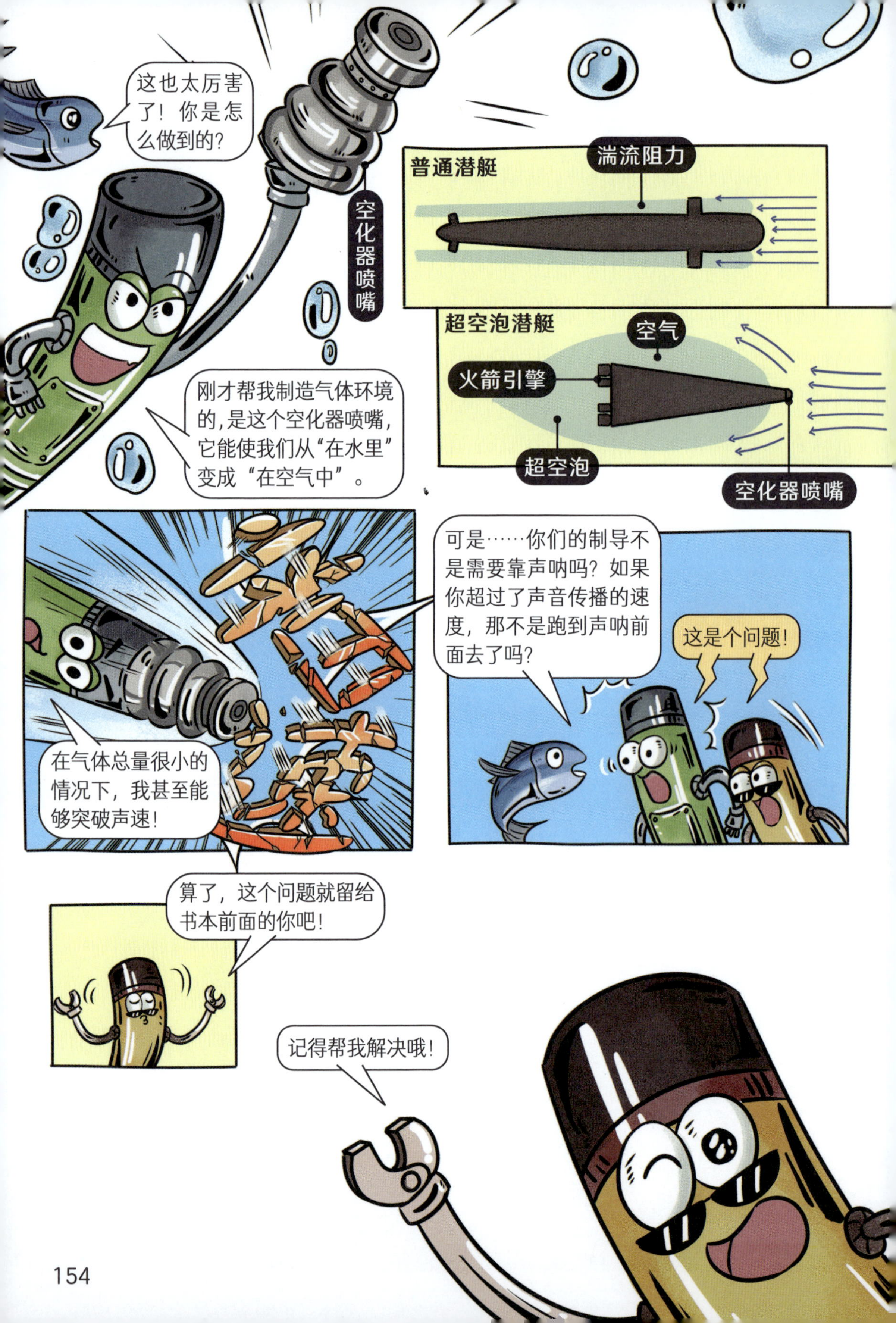
这也太厉害了！你是怎么做到的？
空化器喷嘴
普通潜艇
湍流阻力
超空泡潜艇
空气
火箭引擎
超空泡
空化器喷嘴
刚才帮我制造气体环境的，是这个空化器喷嘴，它能使我们从“在水里”变成“在空气中”。
在气体总量很小的情况下，我甚至能够突破声速！
可是……你们的制导不是需要靠声呐吗？如果你超过了声音传播的速度，那不是跑到声呐前面去了吗？
这是个问题！
算了，这个问题就留给书本前面的你吧！
记得帮我解决哦！

问 答

潜艇上的生活是什么样的？

正如前面所说，潜艇虽然单层可能有两米，但是为了在这些空间中尽可能多地塞进各种各样的功能，所以即便是超过万吨的核潜艇，其内部空间也是十分狭窄的。

潜艇兵在艇上的生活十分枯燥，四周除了管道就是电缆，待久了会感到十分单调。尤其是睡觉的地方，并不比火车上的三层卧铺宽敞多少。想象一下，如果在最狭窄的火车卧铺里，没有窗户也没有任何外界的声音，只有发动机的轰鸣声，住上十几天甚至几十天会有多枯燥？阳光和新鲜的空气从原本的唾手可得变成了最奢侈的幻想。

氧气的供应虽然没有问题，但是想要呼吸新鲜的空气却难上加难。作为一个全封闭的空间，长期混杂着生活、机械的各种味道，再好的空气过滤和净化系统也难以胜任。这样枯燥的生活不是常人所能忍受的。

这还没有涵盖最常见的上艇问题——晕船。在潜艇里长期生活会把晕船问题极大地放大，很多潜艇新兵初次出海可能会整日吃不下饭，就是因为晕船。

所以，与其他的艰苦相比，潜艇上的生活是另一种艰苦。上艇之前，士兵们都需要进行心理辅导和培训。

也因此，很多大型核潜艇为了潜艇兵的身心健康，会在内部建造健身房、游戏厅……甚至游泳池等功能性舱室。但即便如此，也只能适度缓解潜艇生活的枯燥和乏味。

最深的潜艇，能潜到水下多深的地方呢?

人类对海洋的探索，从来没有停止过。因为海洋既是所有生命的源头，也是世界上最大的“聚宝盆”。除了各种各样的海洋生物，海底蕴藏的矿藏和能源也很重要。

所以，科学家就会派出专门用于探测的“潜艇”——潜水探测器，对深海进行摸索。

潜水探测器可以到达海洋数千米、甚至万米的深处，并执行探矿、地形测量和深海生物考察等任务。

军用潜艇可是很难潜到这么深的，通常 1000 米的深度就足够军事用途的潜艇闪转腾挪了。

地球表面的最大水深在太平洋马里亚纳海沟的斐查兹海渊，为 -11034 米，是地球的最深点。而潜水探测器的最深下潜记录是抵达马里亚纳海沟大约 10975 米的位置。

当然，和军用潜艇相比，潜水探测器毫无疑问是个“小个子”。论体积，潜水探测器大概只有普通潜艇的 1/150。军用潜艇的尺寸通常约 99 米长、12 米宽，而潜水探测器的尺寸通常“只”有 9 米长、3 米宽，甚至比一枚重型鱼雷大不了多少。

潜水探测器为什么能做到这么小呢?

和鱼雷的开发思路一样，潜水探测器并不需要像军用潜艇那样，在一个独立个体内部完成全部工作。深海工作的潜水探测器只需要完成自己“探测”的本职工作即可，不需要长期待在深海，也不需要躲避追踪或者进行攻击。所以，潜水探测器可以依靠“母船”来为自己提供大量支持。

潜水探测器顶部会有一根如同“胎儿脐带”的缆线，帮助潜水探测器随时与海面上的母船“沟通”，甚至连工作用的机械手都可以靠母船上的遥控来实现。

而前进和后退也不是潜水探测器的主要工作，加上没有供人长期居住和搭载武器的需求，潜水探测器的外形能够做得更接近于球形，这样也可以更好地抵御深海的水压。要知道，马里亚纳海沟万米深处的水压，相当于约 1097 个大气压，大概每平方厘米就会产生 1 吨重的压力——而且是来自四面八方的。

成年人的身体表面积平均为 1.6 平方米，也就是说在 -11034 米的深海，一个成年人的身体需要承受相当于 16000 吨重的压力，这已经是一艘巡洋舰级别的重量了。

也许你们对我们开始逐渐产生了浓厚的兴趣，那就请一起继续开始新的征程吧！

我们的故事虽然
告一段落。

但新武器的研究还将
继续。

图书在版编目（CIP）数据

上天入海的超级武器 / 米莱童书著绘. -- 北京 : 北京理工大学出版社, 2024.4（2024.5 重印）
（启航吧知识号）
ISBN 978-7-5763-3474-6

Ⅰ. ①上… Ⅱ. ①米… Ⅲ. ①武器—少儿读物 Ⅳ. ①E92-49

中国国家版本馆CIP数据核字(2024)第012164号

出版发行 / 北京理工大学出版社有限责任公司
社　　址 / 北京市丰台区四合庄路 6 号
邮　　编 / 100070
电　　话 / （010）82563891（童书售后服务热线）
网　　址 / http: //www. bitpress. com. cn
经　　销 / 全国各地新华书店
印　　刷 / 雅迪云印（天津）科技有限公司
开　　本 / 710毫米 × 1000毫米　1 / 16
印　　张 / 10
字　　数 / 250千字
版　　次 / 2024年4月第1版　2024年5月第2次印刷
定　　价 / 38.00元

责任编辑 / 张　萌
文案编辑 / 徐艳君
责任校对 / 刘亚男
责任印制 / 王美丽